Springer

信息物理系统安全

Cyber Security for Cyber Physical Systems

［澳］萨基卜·阿里（Saqib Ali）

［澳］泰塞拉·阿尔·巴卢希（Taiseera Al Balushi）　　　　著

［澳］齐亚·那迪尔（Zia Nadir）

［澳］奥马尔·赫迪尔·侯赛因（Omar Khadeer Hussain）

陈　亮　李　峰　译

中国科学技术出版社

·北　京·

图书在版编目（CIP）数据

信息物理系统安全 /（澳）萨基卜·阿里等著；陈亮，李峰译 . -- 北京：中国科学技术出版社，2023.12
书名原文：Cyber Security for Cyber Physical Systems
ISBN 978-7-5046-9357-0

I.①信… II.①萨… ②陈… ③李… III.①无线电通信—传感器—安全技术 IV.① TP212

中国版本图书馆 CIP 数据核字（2021）第 246240 号

著作权合同登记号：01-2019-6894
First published in English under the title Cyber Security for Cyber Physical Systems
by Saqib Ali, Taiseera Al Balushi, Zia Nadir and Omar Khadeer Hussain
Copyright © Springer International Publishing AG, 2018
This edition has been translated and published under licence from Springer Nature
Switzerland AG.

策划编辑	王晓义
责任编辑	付晓鑫
封面设计	锋尚设计
正文设计	中文天地
责任校对	邓雪梅
责任印制	徐 飞

出 版	中国科学技术出版社
发 行	中国科学技术出版社有限公司发行部
地 址	北京市海淀区中关村南大街 16 号
邮 编	100081
发行电话	010-62173865
传 真	010-62173081
网 址	http://www.cspbooks.com.cn

开 本	720mm×1000mm 1/16
字 数	210 千字
印 张	12
版 次	2023 年 12 月第 1 版
印 次	2023 年 12 月第 1 次印刷
印 刷	北京荣泰印刷有限公司
书 号	ISBN 978-7-5046-9357-0 / TP·458
定 价	57.00 元

前　言

　　本书旨在成为信息物理系统（CPS）及其安全问题的前沿及基础通用参考书，涵盖信息物理系统领域安全问题的合理、清晰、全面的基础观点。本书致力于为读者提供信息物理系统安全和相关领域的基础理论背景。

　　针对上述目标，本书内容共分为八章。第 1 章简要概述了信息物理系统体系结构、组件以及安全的重要性，讨论了不同类型的安全攻击以及化解这些攻击所带来的挑战。第 2 章讨论了风险在确保信息物理系统安全方面的重要性，并回顾了不同风险的评估方法和标准，介绍了如何进行信息物理系统风险管理以实现信息物理系统服务功能的弹性化。第 3 章深入研究信息物理系统构成要素——无线传感器网络（WSN）的保护，分析了与物理层、数据链路层、网络层和传输层相关的不同安全问题，强调了信任和信誉在提高无线传感器网络安全方面的重要性。第 4 章详细介绍了目前用于增强信息物理系统中无线传感器网络安全性的机制，从而应对不同层的外部和内部攻击。在讨论了不同种类的攻击之后，对用于检测和防御无线传感器网络和信息物理系统攻击的不同类型方法进行了综合比较。第 5 章重点关注工业控制系统（ICS）和监督控制与数据采集（SCADA）系统，二者均为用于信息物理系统的关键基础设施。还讨论了该平台的各种漏洞以及提供此类信息物理系统通信基础设施所带来的不同威胁和挑战。第 6 章研究了嵌入式系统与信息物理系统之间的相互关系，同时就安全这一领域，突出了在信息物理系统中实现安全的挑战和差距。第 7 章详细介绍了分布式控制系统的不同方面，例如其设计、架构以及它们在信息物理系统中的建模方式，讨论了为保护用来建模的信息物理系统而需要解决的各种安全问题。第 8 章讨论了不同组织为实现信息物理系统环境中部署的不同组件之间的无缝操作和相互兼容而提出的标准。

　　通过讨论这些内容，本书可作为想要就这些主题进一步研究的信息技术、计算机科学或计算机工程领域学生的有用的参考工具。

阿曼，马斯喀特，Al Khoudh 萨基卜·阿里（Saqib Ali）

阿曼，马斯喀特，Al Khoudh 泰塞拉·阿尔·巴卢希（Taiseera Al Balushi）

阿曼，马斯喀特，Al Khoudh 齐亚·那迪尔（Zia Nadir）

澳大利亚，堪培拉，奥马尔·赫迪尔·侯赛因（Omar Khadeer Hussain）

致　　谢

本作成书离不开许多人的支持。本书主要记述了 2014—2016 年阿曼苏丹国的苏丹卡布斯大学一项研究的成果，同时这一研究也获得了阿曼苏丹国研究理事会（TRC）提供的项目资金（研究协议编号［ORG/SQU/ICT/13/011］）。本书作者对阿曼苏丹国研究理事会和苏丹卡布斯大学提供的所有行政和财务支持表示感谢。非常感谢所有在研究中为我们提供支持并帮助我们收集文献、为项目准备报告的人们。我们要感谢我们的研究团队，他们是：奥萨马·拉赫曼博士（Osama Rehman）（博士后），穆罕默德·阿赫桑·卡比尔·里兹维（Mohammed Ahsan Kabir Rizvi），法尔汉·穆罕默德（Farhan Muhammad），拉娜·雅各布·约瑟（Rana Jacob Jose）和安南·法蒂玛（Ennan Fatima），以及理科硕士的同学阿米拉·阿尔·扎贾丽（Amira Al Zadjali）（风险管理）和穆罕默德·阿尔·阿布里（Mohammed Al Abri）（ICS/SCADA 安全）。

目 录
Contents

第1章
信息物理系统安全

近年来，信息物理系统（CPS）已经成为一种新兴的范式，它被用于控制和管理数量日益庞大的网络连接设备，并开始广泛用于不同的应用当中。信息物理系统能带来多种益处，故得以广泛采用，而其众多益处之一即是它能无缝集成网络和物理领域的系统，从而创造价值。然而，要充分实现这些益处，需要考虑到许多方面，其中一个方面便是安全，这能确保不同设备之间的沟通，并有效防止未经授权的访问。本章通过讨论信息物理系统的体系结构及其各类关联组件，为本书后续内容奠定基础。本章同时讨论各种信息物理系统需要防范的攻击和化解攻击中会面临的挑战。

1.1　简介

信息物理系统被称为新一代兼备计算和物理能力的混合系统，通过不同的模型和子系统与人类互动。信息物理系统旨在监测各项物理进程并执行相应命令，使物理环境保持正常运转（Wang et al. 2010）。信息物理系统同时也将计算、网络和物理对象紧密结合。信息物理系统的嵌入式设备通过联网来感知、管理和监控所有物理组件（Xia et al. 2011）。信息物理系统的重要性正日益增长，因为它是由计算和物理组件无缝组成，并且采用了清晰的接合标准来实现各渠道的流畅通信（Xia et al. 2011）。它通常用于重要的国家基础设施，如配电、配水系统和石油系统等。

信息物理系统的技术正变得越来越重要，因为它们能够确保提供舒适、健康、可靠和安全的环境。为了改进其功能及操作，现在大多数关键的基础设施都通过现代信息物理系统组件来建设，并且这些设施已经开始使用基于网络的服务（O'Reilly 2013）。

与传统的计算机和网络系统不同，信息物理系统是复杂的"系统的系统"，其中的漏洞和风险可能出现新的影响，可能对关键基础设施和服务造成严重影响。这些漏洞和风险将会影响信息物理系统中物理系统与信息系统的结合。因此，需要应用新的风险评估方法以保护它们免受此类威胁的影响（O'Reilly 2013）。

本章将为读者提供一个准确的、重要的理论背景。这将有助于读者理解信息物理系统的概念、理论和应用，从而了解其所涉及的网络安全问题。

1.2 信息物理系统

信息物理系统已成为改善世界各地生活条件的重要推动因素，并已在与国民经济有关的各个关键领域得到应用和实施（Rajkumar et al. 2010）。例如，这些系统广泛用于改善偏远农村地区人们的健康情况和提高他们的福利。一些典型的例子包括电网、下一代汽车系统、智能公路、下一代飞行器系统以及空域管理（Dong et al. 2015）。信息物理系统是一个工程系统，它可以改变与物理系统或设备交互的方式，类似于互联网革命。此外，信息物理系统可以定义为计算和物理过程的集成，因此它并不是物理和信息组件的简单合并。

信息物理系统将计算、网络和物理对象紧密结合，将嵌入式设备连接成网络以感知、管理和监控物理世界（Xia et al. 2011）。虽然信息物理系统没有一个统一的定义，但通常被定义为新一代兼备计算和物理能力的系统，能够通过不同的模型与人类互动。信息物理系统旨在监测物理过程行为，采取适当的行动使物理环境正常运行（Wang et al. 2010）。

尽管人们通常认为物理过程和计算设备的结合是一个新事物，但"嵌入式系统"一词曾经是用于解释和描述工程系统的。然而，如今嵌入式系统被认为是不使用外部计算能力的"封闭"系统。例如，一些流行应用属于通信系统，如游戏、飞机控制系统和玩具（Lee 2008）等。研究人员设想，在灵活性、效率、功能、可靠性、安全性和可用性方面，信息物理系统将超过如今的系统。同时在未来，信息物理系统的巨大优势将包括快速反应、精确性、危险工作条件下的适应性、分布式协调性、高效性和能够提高社会福利的能力（Axelrod 2013）。

信息物理系统可以通过启用各类应用程序和服务，显著提高服务质量。

此外，它可以使应用程序、操作和服务更加高效。信息物理系统的应用领域包括医疗系统、交通运输、自动化交通控制系统、节能、关键基础设施、环境控制等（Xia et al. 2011）。另外，通过使用信息物理系统，信息处理、实时通信、组件独立性以及物理对象与网络环境的交互等系统能力可以得到有效改进（Zhang et al. 2013）。

1.3 信息物理系统的架构和组件

信息物理系统本质上是一个双层结构，包括物理部分和计算部分。物理部分主要的功能是感知物理环境，收集数据，然后执行部分计算决策；计算部分则主要对物理部分数据进行分析和处理，最后作出决策。虽然这两个部分本质上是不同的，但是它们都是以一种通过信息相互影响的方式结合而成的，即控制与反馈的关系（Hu et al. 2012）。

通常，信息物理系统中的物理过程是由其他网络系统监控的。网络系统是许多小型设备组成的网络化系统，具有诸如传感、计算和通信等功能（Wang et al. 2010）。在接下来的描述中，信息物理系统主要以一个三层体系结构（La & Kim 2010）呈现出来，包括环境层、服务层和控制层三层。环境层：由物理设备以及使用这些设备及其相关物理环境的终端用户组成。服务层：由一个典型的计算环境和一些服务，如面向服务的体系结构（SOA）组成。控制层：此层接收从传感器收集的监视数据，用于实施控制决策，以及在服务框架的协助下提供正确的服务（Hu et al. 2012）。图 1.1 表示了信息物理系统概念布局与关联系统组件的主要关系。

根据系统理论，信息物理系统通过将计算和通信能力与物理世界实体之间的监测和控制信息集成在一起，融合物理空间与网络空间。这将在如图 1.1 所示的网络空间和物理空间之间建立一个桥梁（Dong 2015）。通常，每个物理组件在信息物理系统中都具有网络功能。信息物理系统是计算和物理操作的完全集成，其中计算全面、深入地融合在所有的物理组件中（Lee 2006）。

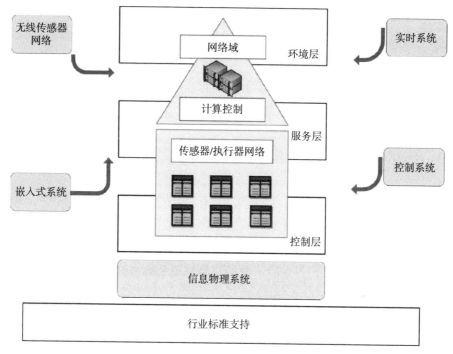

图 1.1 信息物理系统概念图

1.4 信息物理系统技术和安全的重要性

通过将计算和通信过程与信息物理系统中的物理过程合并，许多益处得以展现出来。这些益处包括使物理系统更安全、更高效，还有使物理系统的设施和运营成本最小化，以及通过各个组件的协同工作提供新功能（Kaiyu et al. 2010）。

一般情况下，信息物理系统是一种混合、由不同成分组成的多种类型的物理系统和通信及计算模型。信息物理系统的设计不仅仅是计算和物理系统的组合，许多有效的方法都可用于设计此类系统（Kaiyu et al. 2010）。一些典型的信息物理系统应用例如医疗系统和交通监控系统、过程控制系统、能源和环境监测系统（Wan et al. 2010b）。出于安全要求（Lee 2008），这些应用中的大多数都需要高水平的安全保证。

信息物理系统环境中的设备包括最简单的基础硬件（如传感器），高级、复杂的计算机，以及管理和控制所有系统数据的云。大量可靠或不可靠的网络将信息和指令从这个系统中的一个地方传递到另一个地方。因此，信息物理系统必须是可靠的和安全的，这也是其主要标准之一（Madden 2012）。但在信息物理系统环境中各类系统十分复杂，因为其硬件和软件的操作规则有的严格、有的宽松。为了与物理空间交互，需要一种将信息转换为计算值的方法。通常，有四种不同的创建信息物理系统的系统（Madden 2012），它们是：①传感器——将物理世界转换为数字世界的设备；②嵌入式系统——具有硬件、软件和机械部件的独立设备，旨在执行某些特定任务，差异性较大；③高级系统——可以是台式计算机或高端超级计算机，能执行大量的计算，具有高级逻辑，能同时使用大量功能；④物理世界——系统存在的地方，包括物理限制和实时约束，可通过将传感器 ID 添加到嵌入式系统或高级系统来更多地了解物理世界。传感器是一种简单的设备，需要读取内容才能发挥其作用。为了运行高级系统，需要不断地与物理世界交互并且处理传感器输入的数据。如此一来，信息物理系统需要解决另一个关键问题：通信信道的信息传输问题。由于操作信息物理系统需要许多网络协议，通信不限于特定类型的网络。因此，评估和保护信息物理系统操作中的通信信道至关重要（Wan et al. 2010a）。信息物理系统的安全性包括分析计算机的物理部分以及它们之间的各类交互的所有领域。但是，针对这两个方面的安全性分析仍然缺乏，这一分析需要将物理和计算机组件纳入考量范围（Akella et al. 2010）。由于信息物理系统的复杂性，许多属性需要进行大量的设计和规划，以确保信息物理系统满足所需的运营能力（Madden 2012）。

1.5　信息物理系统安全目标和面临的网络攻击

信息物理系统中最关键的挑战是管理连接不同设备及使用云计算和社交计算等新兴技术时，所面临的各类风险。但这些风险也是信息物理系统中最不为人所知的挑战之一（Sha et al. 2009）。信息物理系统的安全性是一个相对较新的领域，可以定义为保护系统的数据和操作免受未授权访问的能力（Banerjee et al. 2012）。在信息物理系统中，信息保护具有一定的难度，因此安全性是一项关键且复杂的任务，这也是由数据、通信、处理和通信信道相结合的架构设计的本质决定的（Madden 2012）。

机密性、完整性、可用性和真实性是计算机和信息物理系统安全的基本属性。信息保护是指机密性和数据有效性；完整性意指准确性；可用性是指使用任何资源的能力（Habash et al. 2013），而真实性则是确保通信和数据交换及所涉及的各方是真实的且不受影响的。信息物理系统的安全性目标如下。

· **机密性** 机密性指系统防止和避免向外部未授权用户或系统披露信息的能力（Han et al. 2007）。在信息物理系统中，保密是必需的，也是必要的，但仅靠隐私保护仍旧不够（Pham et al. 2010）。

· **完整性** 完整性是指保护任何数据或资源免受未经适当授权的任何修改。在信息物理系统领域中，关键目标是通过预防、检测和阻止对传感器与执行器或控制器之间通信的信息篡改来实现完整性（Madden et al. 2010）。

· **可用性** 可用性是指系统应可用于实现目标。这涉及信息物理系统的所有方面，例如用于存储和发送信息的过程、物理组件执行物理过程，通信信道建立过程等（Wang et al. 2010）。信息物理系统通常提供高可用性服务，用于防止计算、控制、通信等过程因硬件故障、系统升级、停电或拒绝服务攻击等不同原因造成的中断（Work et al. 2008）。

· **真实性** 真实性是指确保数据、交易和通信是真实的。真实性也很重要，并且是各方验证所必需的（Stallings 2006）。在信息物理系统中，实现感知、通信和驱动等所有过程的真实性是系统处理的主要任务之一（Wang et al. 2010）。

由于信息物理系统被暴露于不同类型的攻击之下，必须定义安全优先级。影响上述信息物理系统优先级的一些常见攻击如下（Wang et al. 2010）。

· **窃听** 在此类攻击中，攻击者可以中断系统传递的信息，而不会干扰系统的工作。它也被称为被动攻击，攻击者只能观察系统的操作。在此类攻击中，用户的隐私会受到侵犯。

· **盗取密钥攻击** 在此类攻击中，被盗密钥由攻击者持有，这将有助于获得对安全通信的访问。发送方和接收方都不会意识到攻击者的这种行为。而后，攻击者可以利用盗取的密钥对捕获的数据进行任意修改。

· **中间人攻击** 在此类攻击中，接收者会收到错误的消息。这可能导致错误的否定或肯定行为，使接收者在不需要时采取行动，或认为一切正常，在需要时不采取行动。

· **拒绝服务攻击** 此类攻击是一种网络攻击，可阻止来自网络资源的合法请求。在这种类型的攻击中，正常进程被中断，攻击者可以从洪流控制器获得对系统的访问权限，从而关闭系统。拒绝服务攻击会影响正常运转系统的使用。在这种类型的攻击中，网络罪犯可以从任何地方攻击任何计算机。他们可能不会以损害系统为目标，但却可能会导致负面影响，比如，使系统感染上电脑病毒等。此外，网络攻击是通过物理攻击发展起来的。它们更便宜，风险更低，并且更容易被攻击者复制（Cardenas et al. 2009）。近年来，信息物理系统对外部攻击的漏洞分析得到了更多关注（Pasqualetti 2012）。

网络安全是一个非常关键的问题，预计将成为信息技术领域增长最快的部分之一。防止各类攻击的技术发展十分迅速。这可以从试图保护其计算环境的公司的巨额投资中得到证明（Watts 2003）。到目前为止，信息物理系统与电力网络、线性网络和水网相关的安全问题在文献中得到了相当多的关注（Pasqualetti 2012）。

1.6　信息物理系统安全面临的挑战

信息物理系统安全是一个相对新的领域，通常可以定义为系统仅允许授权访问其数据和操作的能力。由于该领域的新颖性，目前信息物理系统安全方面的工作重点是利用现有领域的解决方案（Venkatasubramanian et al. 2009）。然而，这些不是信息物理系统的有效措施，因为这些问题是不同的，并且保护这样的系统是一项艰巨而具有挑战性的任务。由于信息物理系统应用领域的关键性和应用范围的广泛性，解决其安全问题至关重要，如果不解决这些问题，将会产生深远的影响（Halperin et al. 2008）。信息物理系统安全需要考虑的另一个因素是其信息敏感性和独特的物理过程（Banerjee 2012）。

由于大多数信息物理系统系统是为了业务功能而非安全设计的，网络安全要求并不是信息物理系统制造商在其原始产品开发中所关注的问题之一。然而，如前所述，信息物理系统面临着许多网络安全漏洞。其中一个主要原因是信息物理系统的使用寿命长，安全机制在其生命周期内快速变化。另一个因素是连接到互联网会使信息物理系统面临更多不同类型的威胁，同时也暴露了不同设备之间进行的私人通信。攻击者可以利用开放式远程连接进行支持和操作。除此之外，还有一个因素是安全领域的人员培训仍然不足。此外，一些信息物理系统的供应商可能不再存在，这将是另一个漏洞来源

（O'Reilly 2013）。

卡德尼亚斯（Cardenas）等人（2009）讨论了确保信息物理系统的三个关键挑战。一般而言，了解信息物理系统中的威胁是第一个需要解决的挑战，也是了解攻击可能带来的后果。确定信息物理系统的独特属性及其与传统信息技术安全性的差异是该领域的第二个关键挑战。最后，讨论和定义适用于信息物理系统的当前安全机制是有限的是第三个挑战。

1.7 结论

操作技术（OT）是使用传统的信息技术而非信息物理系统和嵌入式技术进行控制、管理，以及监控各种关键操作和处理任务，例如控制智能电网环境中的电压线传感器和电压断路器。此外，操作技术主要依靠传感器、执行器、可编程逻辑控制器（PLC）、远程终端单元（RTU）、工业控制系统与监控和数据采集系统、工业服务器和信息通信技术（ICT）基础设施来进行集中整合。虽然许多组织出于安全目的已将操作技术与信息技术隔离开来，但新的趋势仍是将两个网络融合在一起，从而产生巨大的技术和安全挑战（Proctor 2016）。为了安全集成，应采取各种安全预防措施来保护企业网络，例如不断构建有关信息技术网络状态和应填补的安全漏洞的系统更新信息。此外，应特别注意监控整个信息技术网络的基础设施、设备供应商、承包商和模型、位置、防火墙的基本配置、路由器、交换机、服务器、计算机、打印机、以太网电缆和端口，以及无线接入点（Ogbu & Oksiuk 2016）。

本书的重点是讨论信息物理系统中每个系统组件的网络安全状态。本书的结构如下：第 2 章讨论风险管理对信息物理系统安全的重要性。第 3 章和第 4 章为信息物理系统中使用的无线传感器网络提供了广泛的文献综述和安全参考。第 5 章介绍信息物理系统的工业控制系统 / 监控和数据采集系统安全。第 6 章和第 7 章介绍信息物理系统的嵌入式和分布式控制系统安全。最后，第 8 章分析用于信息物理系统的标准。

参考文献

Akella, R., Tang, H., & McMillin, B. M.（2010）. Analysis of information flow security in cyber-physical systems. *International Journal of Critical Infrastructure*

Protection, *3*, 157–173.

Axelrod, C. W. (2013). Managing the risks of cyber-physical systems. In *Systems, applications and technology conference*(*LISAT*), *2013 IEEE Long Island*(pp. 1–6). IEEE.

Banerjee, A., Venkatasubramanian, K. K., Mukherjee, T., & Gupta, S. K. S.(2012). Ensuring safety, security, and sustainability of mission-critical cyber-physical systems. *Proceedings of the IEEE, 100*, 283–299.

Cardenas, A., Amin, S., Sinopoli, B., Giani, A., Perrig, A. & Sastry, S.(2009). Challenges for securing cyber physical systems. In *Workshop on Future Directions in Cyber-Physical Systems Security.*

Dong, P., Han, Y., Guo, X., & Xie, F.(2015). A systematic review of studies on cyber physical system security. *International Journal of Security and Its Applications, 9*, 155–164.

Habash, R. W., Groza, V., & Burr, K.(2013). Risk management framework for the power grid cyber-physical security. *British Journal of Applied Science & Technology, 3*, 1070.

Halperin, D., Heydt-Benjamin, T. S., Fu, K., Kohno, T., & Maisel, W. H.(2008). Security and privacy for implantable medical devices. In *IEEE Pervasive Computing*, Vol. 7.

Han, J., Shah, A., Luk, M., & Perrig, A.(2007). Don't sweat your privacy. In *Proceedings of 5th International Workshop on Privacy in UbiComp*(*UbiPriv'07*).

Hu, L., Xie, N., Kuang, Z., & Zhao, K.(2012). Review of cyber-physical system architecture. In *Object/Component/Service-Oriented Real-Time Distributed Computing Workshops*(*ISORCW*), *2012 15th IEEE International Symposium on*, *2012.* IEEE, pp. 25–30.

Kaiyu, W., Man, K., & Hughes, J.(2010). Towards a unified framework for cyber-physical systems. In *Proceedings of the 1st International Symposium on Cryptography*, pp. 292–295.

La, H. J., & Kim, S. D.(2010). A service-based approach to designing cyber physical systems. In *Computer and Information Science*(*ICIS*), *2010 IEEE/ACIS 9th International Conference on.* IEEE, pp. 895–900.

Lee, E. A. (2006). Cyber-physical systems-are computing foundations adequate. In *Position Paper for NSF Workshop on Cyber-Physical Systems*: *Research Motivation, Techniques and Roadmap.*

Lee, E. A. (2008). Cyber physical systems: Design challenges. In *Object Oriented Real-Time Distributed Computing*(*ISORC*), *2008 11th IEEE International Symposium on.* IEEE, pp. 363–369.

Madden, J. (2012). *Security analysis of a cyber physical system*: *A car example.* Missouri University of Science and Technology.

Madden, J., Mcmillin, B., & Sinha, A.(2010). Environmental obfuscation of a cyber physical system-vehicle example. In *Computer Software and Applications Conference*

Workshops（*COMPSACW*），*2010 IEEE 34th Annual.* IEEE，pp. 176–181.

O'Reilly，P.（2013）. Designed-in cybersecurity for cyber-physical systems.

Ogbu，J. O.，& Oksiuk，A.（2016）. Information protection of data processing center against cyber attacks. IEEE，pp. 132–134，1509029788.

Pasqualetti，F.（2012）. *Secure control systems：A control-theoretic approach to cyber-physical security.* Santa Barbara：University of California.

Pham，N.，Abdelzaher，T.，& Nath，S.（2010）. On bounding data stream privacy in distributed cyber-physical systems. In *Sensor Networks，Ubiquitous，and Trustworthy Computing*（*SUTC*），*2010 IEEE International Conference on.* IEEE，pp. 221–228.

Proctor，B.（2016）. *Operational technology：OT is the blood brother of IT* [Online]. Missouri：Malisko Engineering，Inc. Available：http://www.malisko.com/operational-technology/. Accessed 2016.

Rajkumar，R. R.，Lee，I.，Sha，L.，& Stankovic，J.（2010）. Cyber-physical systems：The next computing revolution. In *Proceedings of the 47th Design Automation Conference.* ACM，pp. 731–736.

Sha，L.，Gopalakrishnan，S.，Liu，X.，Wang，Q.，Yu，P. S.，& Tsai，J. J.（2009）. Machine learning in cyber trust：Security，privacy，and reliability.

Stallings，W.（2006）. *Cryptography and network security：Principles and practices.* Pearson Education India.

Venkatasubramanian，K. K.，Banerjee，A.，& Gupta，S. K.（2009）. Green and sustainable cyber-physical security solutions for body area networks. In *Wearable and Implantable Body Sensor Networks，2009. BSN 2009. Sixth International Workshop on.* IEEE，pp. 240–245.

Wan，K.，Hughes，D.，Man，K. L.，& Krilavičius，T.（2010a）. Composition challenges and approaches for cyber physical systems. In *Networked Embedded Systems for Enterprise Applications*（*NESEA*），*2010 IEEE International Conference on.* IEEE，pp. 1–7.

Wan，K.，Man，K.，& Hughes，D.（2010b）. Specification，analyzing challenges and approaches for cyber-physical systems（CPS）. *Engineering Letters*，18.

Wang，E. K.，Ye，Y.，Xu，X.，Yiu，S.-M.，Hui，L. C. K.，& Chow，K.-P.（2010）. Security issues and challenges for cyber physical system. In *Proceedings of the 2010 IEEE/ACM Int'l Conference on Green Computing and Communications & Int'l Conference on Cyber，Physical and Social Computing.* IEEE Computer Society，pp. 733–738.

Watts，D.（2003）. Security and vulnerability in electric power systems. In *35th North American Power Symposium*，pp. 559–566.

Work，D.，Bayen，A.，& Jacobson，Q.（2008）. Automotive cyber physical systems in the context of human mobility. In *National Workshop on High-Confidence Automotive Cyber-Physical Systems*，pp. 3–4.

Xia，F.，Vinel，A.，Gao，R.，Wang，L.，& Qiu，T.（2011）. Evaluating IEEE 802.15. 4 for cyber-physical systems. *EURASIP Journal on Wireless Communications and Networking*，

2011, 596397.

　　Zhang, L., Qing, W., & Bin, T. (2013). Security threats and measures for the cyber-physical systems. *The Journal of China Universities of Posts and Telecommunications*, *20*, 25–29.

第 2 章
信息物理系统安全的风险管理

由于信息物理系统将物理系统与信息域相结合，为了保护通信媒介并解决日益增长的安全问题，需要精心设计风险管理。网络安全领域中现有的风险评估方法可能无法直接应用于信息物理系统，因为它们在许多方面都有不同。本章探讨、回顾和分析为信息物理系统风险管理推荐的风险评估方法和框架。随后给出一个参考样式框架，用于增强网络安全，以确保信息物理系统架构具有弹性。

2.1　简介

在第 1 章中，重点介绍了安全是在不同信息物理系统应用领域实现预期效益的主要因素之一。由于信息物理系统的性质，安全需要在两个不同的层面实施，即物理层面和信息层面。物理级安全性旨在保护环境层的信息物理系统组件。换言之，这种安全级别旨在保护物理设备及其所处的环境免受未经授权的访问或控制。实现此类安全性的解决方案与物理保护所处区域有广泛关系。同时，网络级安全性也旨在保护和防止未经授权使用物理设备。但是，出现此类威胁的渠道不仅来自物理媒介，还来自网络媒介。随着数字社区和通信的普及，来自网络领域的安全威胁（也称为网络安全）已成为需要解决的最重要的方面之一。这是因为来自此类级别的威胁会影响信息物理系统体系结构的服务层和控制层，从而使其易受攻击并影响其通信中的一些基本属性，如机密性、完整性、可用性及真实性等。

最近发生了多起网络攻击事件，对被攻击方造成了经济（Charleston 2017）上和声誉（Manuel 2015）上的影响。研究人员试图通过识别网络和物理领域中可能存在的不同漏洞（Humayed et al. 2017）和不同类型的攻击

（Humayed et al. 2017；Giraldo et al. 2017；Shafi 2012；Wu et al. 2016），并提出通过不同的减轻这些漏洞和攻击的方法来解决这些安全问题（Wardell et al. 2016）。虽然有这样的知识、方法和技术很重要且可行，但从网络安全的角度来看，同样重要的是要明白，一刀切的做法既不可能，也不可行（Madhyastha 2017）。此外，随着网络攻击的不断增加，没有两次网络攻击是完全相同的。它们可能具有不同的特征，并且这些特征是专门开发的，以便在信息物理系统操作中产生最大可能的中断。因此，在这种情况下，先前开发和捕获的网络攻击知识可能不是防止攻击或使信息物理系统安全所需的唯一手段。

2.2　风险定义及其两种不同的管理方式

广义上，风险一词表示会使得活动产生不良后果。尽管各种研究人员，例如沃特斯（Waters 2011）认为风险不应总是与负面结果相关联，但由于其在保险领域的使用历史，风险大多数时候被视为应最小化管理的因素。侯赛因（Hussain）等人在 2013 年提出的对风险的广义定义。在其书中，风险被广义地定义为由于可能违反适用的安全措施而导致信息物理系统预期结果未能实现的可能性。因此，识别和管理风险十分重要。

文献中有两种广泛的方法可用于识别和管理风险（Hussain et al. 2013），分为被动方法或主动方法。与其术语一致，被动方法是在风险发生后对风险情况进行处理。相反，主动方法不是等待风险事件先发生后再管理，而是预先确定哪些风险事件可能对信息物理系统安全产生影响，而后就制订相应的解决计划。这两种方法的区别如下：

（1）被动方法不会阻止信息物理系统应用程序的安全性被风险事件影响，但主动方法则会。这意味着，被动方法不会阻止信息物理系统应用程序遇到中断、收入损失、声誉损失等，但主动方法如果实施成功则有能力这样做。

（2）由于被动方法是在信息物理系统安全威胁发生后才对其进行补救，它需要更多解决问题的技巧。而因为主动方法试图在信息物理系统安全威胁发生之前解决它们，所以它需要有预先确定可能出现问题的能力和规避这些问题的技术。

2.3 风险管理与信息物理系统安全的相关性

如前所述，信息物理系统中的安全问题在大量文献中得到了极好的研究。阿希巴尼（Ashibani）和马哈茂德（Mahmoud 2017）从感知、传输和应用三个层面总结了不同的信息物理系统安全问题，并提出了可应用于单层和多层的可能解决方案。麦普（Maple 2017）总结了物联网在不同应用（如自动驾驶汽车、健康、福利等）中与安全和隐私相关的不同挑战，并讨论了谁应该对此负责。王（Wang）等人在 2010 年讨论了信息物理系统的主要攻击类型，并提出了一种用于提高整体安全性的情景感知安全框架，所提出的方法利用情景感知作为决定是否允许用户访问信息物理系统应用程序的基础。塞弗特（Seifert）和雷扎（Reza 2016）在医疗保健应用的背景下，测试两种架构的适用性，即通过发布和订阅确定哪种架构能够更好地对抗一些常见的安全威胁。马沙多（Machado）等人于 2016 年提出了一种通过控制信息物理系统设备中嵌入的软件来保护信息物理系统知识产权的方法。

虽然上述工作以及文献中的其他工作很重要，可以认为，它们旨在保护信息物理系统平台和架构远离已知的安全威胁。换句话说，所提出的方法旨在提升信息物理系统应用程序处理已经众所周知的和已识别的威胁的能力。尽管这提高了信息物理系统体系结构抵御已知威胁的能力，但在改善信息物理系统体系结构安全性抵御当前未知的威胁方面并未提供任何帮助。参考上一节的讨论，这种管理信息物理系统安全的方法与风险管理的被动方法有相似之处，因为它只能在安全威胁发生后对新事件作出反应。但是，当需要提高信息物理系统体系结构能力应对未知威胁时，它们可能就失效了。在下一节中，我们将讨论信息物理系统应用程序中使用的一些现有风险管理方法。

2.4 风险管理的概念和重要性

风险管理非常重要，在许多领域都发挥着关键作用，例如经济学、生物学和管理学（Djemame et al. 2014）。这是一个平衡运营和经济成本的过程，协助信息技术管理者保护其组织的信息技术系统和数据。风险管理流程不仅适用于信息技术运营，还有助于在组织的所有功能领域作出决策（Stoneburner et al.

2002）。简单地说，风险管理是识别风险、评估风险和对风险问题作出决策使风险降低到可接受水平的过程。其目标是支持组织的总体愿景和使命，并使组织能够完成其使命。总的来说，风险管理包括三个主要过程：风险评估、风险缓解、整体评估（Stoneburner et al. 2002）。

如前所述，在定义风险时，大多数定义侧重于结果的不确定性，并且在描述这些结果方面存在差异。风险主要被描述为具有不良后果，而其他结果似乎是自然的。一般而言，风险是指未来事件的不确定性，并被定义为发生的可能性，甚至可能会影响组织实现目标。在信息技术中，风险被定义为资产价值的出现、风险的脆弱性以及组织中存在的威胁。换言之，风险是发生风险或危险事件的可能性，这将影响目标的实现。因此，需要进行风险分析，以帮助制订有关组织目标的决策。每种风险都需要两次计算：风险可能性或概率，还有风险的影响或后果（Berg 2010；Djemame et al. 2014）。

对于任何风险管理，要解决的重要概念如下：

● 一种有价值且需要保护的资产；

● 一个会影响或降低资产价值的意外事件；

● 一个可能导致意外事件的威胁；

● 一个漏洞，它是某种弱点、错误或缺陷，可能会被威胁利用，对资产造成损害或降低资产价值；

● 最后，风险被定义为特定资产发生意外事件和事故后果的可能性。

例如，服务器就是一种资产。计算机将遭受到计算机病毒的威胁，未及时更新病毒防护软件则易受攻击。由此将导致意外事件，而这个意外事件就会成为黑客访问该服务器的渠道。由病毒创建服务器后门的可能性或许不高，但损害服务器的后果可能很严重（Djemame et al. 2014）。一般而言，在描述任何风险方面都存在一个基本问题，这是因为在风险管理过程中适当地执行了以下步骤（Djemame et al. 2014）：

● 分析触发事件并制订准确的风险结构；

● 一旦风险发生，估算与每个事件相关的损失；

● 使用统计方法或主观判断来估计事件的可能性。

在确定可能的风险（风险管理过程的第一步）之后，将根据风险的潜在损失的严重程度和发生的可能性对其进行评估，评估过程称为风险评估。在风险管理过程中，风险将被测量或评估，然后通过制订策略和控制其后果进行管理。在管理风险时，定义了一系列行动。这些行动是管理特定风险所必需的，行动将作为策略应用，其中包括以下措施（Hillson 2002）：

● 将风险转移给另一方以更好地管理风险；

● 避免风险并消除不确定性；

● 减少风险的影响；

● 接受风险并限制特定风险的后果。

信息系统也会出现许多风险。因此，信息技术管理者必须确保组织具备完成任务所需的能力。他们应该确定安全功能，使其信息系统能够提供所需的任务支持级别，以应对威胁和风险。定义结构良好的风险管理方法并有效地使用这一方法，可以帮助组织管理层找到针对特定威胁和风险的适当控制手段（Stoneburner et al. 2002）。

如今，在大多数关键领域可以越来越多地看到信息物理系统，智能电网便是其中一个关键的例子。由于信息物理系统的设计，这种发展引发了许多风险问题。当从信息物理系统的角度开发系统时，整个系统的风险将大于单个组件风险的总和。评估和减轻这些总体风险需要了解数据处理系统面临的威胁以及由此产生的损害（Axelrod 2013）。由于信息物理系统中网络和物理过程的交互会导致网络安全问题，管理互联网和信息物理系统的风险很困难。此外，信息物理系统的核心性质使它们更容易遭受到不同的攻击（Fletcher & Liu 2011）。

风险评估过程有助于评估需要保护的内容。这是一个持续评估风险的过程，随后是为组织建立适当的风险管理计划。例如，在信息安全方面，风险管理计划应与组织的系统、网络和信息资产相关的风险程度相匹配。基本上，识别对信息或信息系统的威胁，确定威胁发生的可能性以及识别可能被威胁利用的数据系统漏洞的过程被定义为风险评估（Stoneburner et al. 2002）。

2.4.1 风险评估

风险是在既定过程中可能发生错误的程度，风险评估是风险管理过程中关键的一环。风险评估是风险管理的第一阶段。评估风险意味着识别威胁，也意味着确定风险的可能性及影响（Tiwana & Keil 2004）。风险评估过程涉及五个阶段：识别、分析、评估、控制和缓解以及归档（Kumsuprom et al. 2008）。一般而言，信息技术风险评估有助于机构实施新的业务变更，并使用信息系统来实现适当的更改。同时，这些信息系统的实现也暴露了与信息技术相关的风险，如战略风险、财务风险、操作风险和技术风险（Kumsuprom et al. 2008）。因此，应制订风险评估政策和战略，以尽量减少这种风险。

对网络威胁和网络安全的早期分析中，大部分似乎都有"天快塌了"的感觉（Lewis 2002）。"信息安全——保护计算机系统以及其所包含数据的完整性、保密性和可用性——长期以来被认为是一个重要的国家政策问题"（Cashell et al. 2004）。同时，其重要性在大多数现代国家的不同方面日益显现。

人们已经提出风险评估的概念并就其进行深刻探讨，认为风险评估是一种一般方法，或是许多领域如网格和云中的一种特定风险（Djemame et al. 2014）。然而，未来出现严重风险的概率可能会比今天所看到的网络攻击和信息泄露的概率更大，因为如今这种网络攻击的数量急剧增加（Cashell et al. 2004）。这些攻击、网络漏洞和信息泄露可能会造成复杂的风险，影响国家安全和公共政策等新领域（Lewis 2002）。

2.4.2　信息物理系统的风险评估方法

针对网络安全领域和风险评估有许多标准、指导方针和建议。同时，现有的一些风险评估方法都可以供人们选择使用，并不断发展，有效减轻了网络安全风险。学者们介绍和研究了很多方法，并提出了一些指导方针。表 2.1 列出了其中的一些方法。

在信息物理系统领域有不同的风险评估方法，它们在评估类似的风险时可能会得出不同的结果。在评估过程中，必须考虑信息物理系统的特点，以找到合适的评估方法。例如，攻击树风险评估法包括良好的特性，使其适合开展信息物理系统风险评估（Yong et al. 2013）。

表 2.1　信息物理系统的风险评估方法

方法／文章	描　　述
物理和信息风险分析工具（PACRAT）2013（Macdonald et al. 2013）	它包括有关设备布局、网络拓扑和已布设的安全防护的网络物理信息，用于检测、延迟和响应攻击，确定最容易受到攻击的路径，并评估在给定威胁或对手类型下安全保障被危害的频率
协同安全管理系统（CYSM 系统），2014（Karantjias et al. 2014）	该方法引入了一个名为 CYSM 系统的协同安全管理系统，使港口操作员能够进行分析和管理：①模型物理和网络资产以及相互依存关系；②内部／外部／相互依存的物理和网络威胁／漏洞；③违反 ISPS 守则和 ISO27001 所规定要求的物理和网络风险

方法 / 文章	描　述
信息物理系统风险评估 2013（Yong et al. 2013）	它是三级信息物理系统体系结构，总结了传统的风险评估方法，分析了物理系统网络安全与传统信息系统安全的区别，提出了一种信息物理系统的风险评估思路
风险管理 2013（Axelrod 2013）	建议的缓解策略包括在设计、开发和测试当前系统方面的重大变化，以及确保组合系统满足同样严格的安全要求的过程
目标评估（Merrell et al. 2010）	这些保证案例有助于解决这些问题。从保证案例中查看评估方法，阐明评估的潜在动机，并支持更严格的分析。本文还展示了如何使用确定性案例方法指导开发一种称为网络弹性审查（CRR）的评估方法
信息物理系统安全的建模和评估方法（Orojloo & Azgomi 2014）	可能导致人身损害的网络攻击被纳入考量范围，同时，影响攻击者在网络物理系统攻击过程中决策的因素也被考虑其中。此外，为了描述攻击者和系统在一段时间内的行为，在基于状态的半马尔可夫链（SMC）模型中使用了均匀概率分布。安全分析是从平均时间到安全故障（MTTSF）、稳态安全和稳态物理可用性进行的
基于风险的方法（Habash et al. 2013b）	本文对智能电网的安全威胁以及射频辐射下正在实施的智能电表的健康风险进行了评估，最后提出了一个重要技术领域风险管理的综合框架
执行综合安全管理框架从而确保智能电网的安全可靠（Enose 2014）	本文介绍了一个综合的安全管理框架，它提供了一个关键的基础结构级安全性，用于建立企业范围的综合安全管理系统的多种实用技术。这种全面的安全体系结构提供了各种系统之间更好的互联，并建立了与网格所有功能方面相结合的物理安全和网络安全
行为方法（Enose 2014）	本文描述的基于行为的异常 / 误用检测程序导致了一种系统诊断技术，该技术能够及时检测、识别和预测网络攻击造成的硬件故障对计算机控制系统的影响。该方法是用一个数值高效的系统调用处理算法实现，用于脱机功能提取和联机功能匹配
电网基础设施的信息物理漏洞评估（Vellaithurai et al. 2015）	信息物理安全用于测量底层信息物理设置的安全级别。CPINDEX 在各个主机系统上安装适当的网络端仪表和探头，以动态捕获并描述低级系统活动，如操作系统资产中的进程间通信。CPINDEX 使用生成的日志以及有关电源网络配置的拓扑信息，建立整个网络物理基础结构的随机贝叶斯网络模型，并根据当前底层电力系统的状态对其进行动态更新。最后，CPINDEX 在所创建的随机模型上实现了置信传播算法，并结合新的图论电力系统索引算法计算信息物理指标，即测量系统当前信息物理状态的安全级别
影响评估方式 2014（Charitoudi & Blyth 2014）	此方法侧重于供应链中的责任和依赖关系，将其映射为基于代理的社会技术模型。此方法对于在复杂组织中网络的所有级别的业务流程、业务角色和系统中建模结果十分有效

2.4.3　智能电网风险评估

智能电网风险可以定义为可能使用漏洞对计算机、网络和系统造成损害和威胁的概率。这将对智能电网运营和业务产生不良影响。在智能电网中，威胁的复杂程度及其产生的后果将使网络安全风险难以衡量（Clements et al. 2011）。

　　智能电网网络安全风险评估的主要目标是识别不同的漏洞和威胁，然后确定它们的影响。风险评估的最终结果应用于定义安全要求和控制措施（Hecht et al. 2014）。

　　在定义电网系统的网络安全风险管理流程时，重要的是决定用于信息安全的预算金额以及预算的分配方式。虽然在数据和能力上，企业和政府的计量存在明显的差距，但组织机构可以制订强有力的风险管理计划（Cashell et al. 2004）。目前，许多方法被用于定性地，而非定量地测量风险。一种常见的做法是根据价值和易受攻击的程度对信息资产进行分级（Cashell et al. 2004）。在形成或开发用于电网系统的风险评估过程时，关注电力应用安全和基础设施安全的结合点十分重要（Sridhar et al. 2012）。

　　关键是要突出显示智能电网风险管理流程的最佳实践清单。以下清单概述了国家农村电力合作协会（NRECA）在实施风险管理方面提出的最佳安全做法和控制措施（Lebanidze 2011）：

- 提供积极的行政赞助；
- 将安全风险管理责任分配给高级经理；
- 定义系统；
- 识别和区分关键的网络资产；
- 识别和分析电子安全范围（ESPs）；
- 执行漏洞评估；
- 评估系统信息和资产的风险；
- 选择安全控制；
- 监控和评估控制措施的有效性。

　　一般而言，由于信息物理系统面临许多不同类型的风险，对信息物理系统（CPS）进行精心设计的风险评估将有助于提供安全状态的统一视图和支持此类资源的分配。因此，有必要考虑四个要素：资产、威胁、漏洞和损害（Lu et al. 2013）。此外，许多对风险评估方法的全面调查和研究都是在网络安全领域进行的，并且在关键（能源）基础设施的风险评估领域也已经确定了一些框架。

　　美国国家标准技术研究所（NIST-IR 7628）（2010）制订了智能电网网络安全准则。这些准则是由适用于美国智能电网体系架构的先进建议和标准制订的。然而，它们并未提供评估网络安全风险的一般方法。与此同时，NIST–IR 7628 和 ISO 27002 被欧洲网络与信息安全局（ENISA）用作智能电网安全报告的基础，通过提供一套具体的安全措施，达到最低水平的网络安全。在智能电网环境中，应在系统生命周期内进行风险评估。在确定风险评估过程时，必须考虑到若干因素，如组织规模、措施的实施成本等。风险评估允许为任何风险的最低验收标准定义一个阈值（Enisa 2012）。

当前，一些风险评估计划和指南已经发布或正在开发中，为智能电网组织提供在其组织中实施此类计划的良好参考。表2.2列出了许多智能电网风险评估的方法和相关工作，可用于缓解网络安全风险。但是，几乎所有这些都侧重于针对特定技术要求以应对威胁以及评估风险。一些可用的风险评估结果用于为系统设计提供参考建议，而其他风险评估结果则用于智能电网组件中特定类型的故障。

信息物理系统的风险管理被定义为用来管理组织运行中网络安全风险的项目计划。有效的风险管理和评估项目必须能使组织通过管理实现其战略目标。这些组织需要在第一阶段确定其关键资产，之后评估这些资产的相关风险。另外，风险管理是一个持续的过程，包含管理和评估风险的全部阶段。在这样的环境下，有关风险的关键决策须由管理层来制订。对于管理者们而言，为了作出正确的决策，全面地将这些风险展示出来是十分必要的。

风险管理的过程主要包括分配风险的优先级和建立适当的预算来评估和执行这一过程，这是最重要的高级管理职责之一。就此方面而言，遵循风险评估方法至关重要，这一方法将在第一阶段为管理层提供一个保证。

表2.2 智能电网评估

方法／文章	描　述
统一风险管理2010（Ray et al. 2010）	这一方法有利于评估采用保护措施时的风险，可提高智能电网信息交换系统的安全性和可靠性
基于风险的方法2013（Habash et al. 2013a）	该方法是一个风险管理组合，可将网络和电网风险的评估整合起来
基于BBN的方法2013（Brezhnev & Kharchenko 2013）	在贝叶斯置信网络（BBN）中，节点代表着不同的CSGS和NPP；不同种类的影响产生了联系，有适当负载量的关键变电站也被纳入考量范围
暂态稳定性评估（TSA）（Cepeda et al. 2011）	该方法包括多通道奇异谱分析（MSSA），主成分分析（PCA）和支持向量机分类器（SVM–C）工具。它在电信号和SVM–C中找到隐藏的模式，并且可以使用这些模式有效地对系统漏洞状态进行分类

续表

方法 / 文章	描　述
博弈论方法 2015（Law et al. 2015）	本方法估计了由于模拟场景中的减载导致的防御者损失，计算的风险作为输入参数并入随机安全性游戏模型中。防御措施的相关决定是通过使用考虑资源约束的动态编程技术来解决该集合而获得的。因此，安全游戏提供了一个分析框架，用于选择针对攻击者的最佳响应策略并最小化潜在风险
概率方法 2014（Ciapessoni 2014）	概率能量流同函数相结合代表着一种从变量中获取关联信息的有效方式。该方法在决定操作情况中的不确定性更加有效
物理和网络风险分析工具（PA CRAT）2013（Macdonald et al. 2013）	该方法提供了与设备布置，网络拓扑，以及用来评估设备探测、延迟和回应攻击能力的保护措施的信息，从而确认出最易受攻击的通道。漏洞评估主要是关于信息物理的相互性
随即编程 2012（Noyan 2012）	本方法主要是关于在要求的短时间内缩减负载带来的影响。这一方法可以帮助更加灵活地利用用户的能源决策，从而帮助挖掘能源需求回应能力，获得超过竞争对手的战略优势
风险价值法（VaR）2012（Ahma di-Javid 2012）	风险价值法是一种测量系统安全性的方法，用于一种说明性的六条总线测试系统
EMS 和 SCADA 2012（Liu et al. 2012）	利用本方法可以实现在 SCADA 系统中探测、定位、决策的折中方案，同时还能在适当的时间框架中自动修复受损部件，将对功能及能量的影响最小化。本方法提供了指导和示例，从而帮助电力企业公司和控制中心独立进行评估
MILP 公式 2015（Ceseña et al. 2015）	本方法是一个原始的广义流程图，能够映射来自各种不同 DMG 系统的能量流。此外，它允许相关方程式的合成写作。DMG 优化系统的新广义 MILP 公式操作灵活，能够积极应对能源价格信号，这主要利用不同 DMG 技术下多因素套利机会的存在以及蓄热器（以防万一）存在下的时间套利机会来实现。同时，一个随机规划模型像 MILP 一样被构建而成，允许类型、大小，以及考虑长期不确定性和内在风险对冲的熔体能源多组分柔性规划方案的投资时间优化
耐用适应拓扑控制的可靠实现（Bopp et al. 2014）	它指示中继设置如何因切换操作而改变；它还提供了一种在线检测中继错误操作的算法，标识了继电器错误跳闸后可能切换回服务的线路
保护性能评估（Bopp et al. 2014）	该方法的深入评价允许在单个继电器和各种操作和故障情况下精确定位错误设置。如果检测到错误或改进设置，则解决方案支持新的、改进的保护设置计算。为了提高质量控制，在应用前可通过模拟对设置进行验证，从而在减少不必要的保护和操作风险的同时，最大限度地提高网络利用率和网格可靠性。这一方法演示了应用的解决方案如何通过事件触发或常规应用程序帮助确保和提高保护设置的质量
多因素和多维风险评估 2012（Qiang et al. 2012）	本文首先从财务风险、安全风险、技术风险、管理风险和政策风险等五方面对智能电网的风险进行了识别。这些基本的风险因素几乎可以涵盖智能电网的各个领域。其次，本文在确定风险因素的基础上，建立了基于局部智能电网时间和区域发展特性的智能电网风险评估矩阵方法

方法/文章	描　述
风险分析和概率生存性评估（RAPSA）（Taylor et al. 2002）	本方法是变电站硬化的一种评估方法。作为一种新的网络安全评估方法，它将生存性系统分析（SSA）与概率风险评估（PRA）融合在一起。该方法将定量信息添加到面向流程的 SSA 方法中，帮助在安全选项中进行决策

2.5　采用安全标准

为此，各组织正在花费大量资源来建立适当的信息安全风险管理计划，以最终解决它们所面临的风险。这些计划需要建立在坚实的基础上，因此企业积极寻找在各组织中普遍且广泛接受的标准和框架。

美国国家标准技术研究所的网络安全框架并不能构成一个包括前沿行为框架在内的万无一失的公式，因为它放弃或选择推迟实施"自愿准则"，而这一准则能被那些已经实施并证明其成功的人记住，并迅速地为那些远远超出监管和法律优势的组织提供网络安全，同时这些不同的参数可以从组织中保存下来。该框架在组织的关键目标基础设施中进行操作运行，而实际上，最终证明这一方法对几乎所有行业的企业都大有裨益（Al–Ahmad & Mohammad 2012）。

一般而言，这些标准旨在实现统一，从而使有关领域的理解和管理更为方便。由于各种原因（因业务需求与监管机构和法规遵从性任务不同而各异），企业意识到自己需要采取某种标准。公司良好治理的建设，增强风险意识以及企业间的竞争都是提到过的业务驱动因素。一些公司追求认证，以满足市场的期望，并提高它们的营销形象。采用标准的主要业务驱动因素能够弥补某些领域的空白及经验不足，在这些领域中，公司无法根据其工作人员的能力建立专有标准（Al–Ahmad & Mohammad 2012）。

2.6　安全框架

2.6.1　ISO 27000 组合

ISO 27001（ISO/IEC 27001）是信息安全管理体系（ISMS）的规范。信息

安全管理体系是一个组织的信息风险管理过程，包括政策和程序框架在内的所有法律、物理和技术控制（Al-Ahmad & Mohammad 2012）。

根据文件，ISO 27001 是关于"用于实施、操作、监测、审查、维护和改进信息安全管理体系以提供模型的安装"（Almorsy et al. 2011）。ISO 27001 是一种自上而下、基于风险的方法，其技术是中性的。

27000 系列标准将包含一系列文件，其中一些已公布发表，现在已经众所周知。最后的编号和其他发布细节尚待确定，正预定出版。表 2.3 所示的内容反映了目前系列中的主要业务标准（Humphreys 2006）。

表 2.3　ISO 标准系列

ISO 27001 这是一个信息安全管理系统的规范，它取代了旧的 BS 7799-2 标准	ISO 27002 这是 27000 系列的标准编号，最初是 ISO 17799 标准（它的本身以前被称为 BS 7799-1）
ISO 27003 这将是一个新标准的正式编号，旨在为推行信息安全管理系统提供指导	ISO 27004 此标准涵盖信息安全系统管理的度量，包括建议的 ISO 27002 对齐控件
ISO 27005 这是信息安全风险管理的独立 ISO 标准的方法	ISO 27006 此标准为认证提供信息安全管理系统证明的组织提供了指导原则

2.6.2　信息技术基础架构库（ITIL 3.0）

关于这项服务的 ITIL V3、服务策略和服务设计量的另一种观点是基于并着眼于定义的。它们的目标是一项新的服务，对现有服务的改进是基于问题的设计，而非信息技术服务的设计和开发。

服务设计纯粹是基于该技术，但业务和技术环境则面向大众，以便协商解决方案，因此需要考虑到计划的服务支持，包括整个供应链（Marrone & Kolbe 2011）。

2.6.3　NIST 风险管理框架（RMF）

美国国家标准技术研究所（NIST）风险管理框架是一个信息体系，用于选择和规范安全控制，即涵盖某一组织的组织风险管理。作为与运作信息系统风险相关的组织或个人的一部分，一个广泛的信息安全计划已经制订完成。

对于安全控制有效性、效率、适用法律、指令、行政命令、规章、标准或条例的基于风险的方法，由于限制条件与组织风险管理相关的下述活动有关，其选择和规范对可应用的全新、一流的信息系统中有效的信息安全计划、系统开发生命周期以及联邦企业体系结构而言，具有极其重大的意义。

2.6.4 OCTAVE 组合

在操作上，关键威胁、资产和漏洞评估（OCTAVE）的风险级别以及针对网络攻击的规划防御级别都是由安全框架决定的。框架组织或许有助于减少威胁风险，以确定攻击成功的可能性，同时定义处理攻击的方法。在 OCTAVE 中，组织内部人员获得了优势，因此也获得了经验和专业知识。攻击的第一步是基于风险配置文件来构建威胁，其间与组织相关的进行风险评估的过程继续进行（Alberts et al. 1999）。

OCTAVE 定义了三个阶段：

阶段 1：构建基于资产的风险配置文件；

阶段 2：识别基础设施漏洞；

阶段 3：开发安全策略和计划。

美国国防部与卡内基·梅隆大学（CMU）的 OCTAVE 开发于 2001 年。从那时起，该结构经历了几个演化阶段，但其基本原则和目标却保持不变。有两个版本：OCTAVE-S，扁平结构，是一个针对小型组织的简单方法；OCTAVE Allegro，针对较大的组织或具有多层结构的组织，是一个更全面的版本（Alberts et al. 1999）。

2.6.5 COSO 框架

反虚假财务报告委员会发起组织（COSO）于 1992 年公布了一个内部控制 – 整体框架。联合倡议旨在通过制订框架为企业风险管理、内部控制和欺诈威慑提供指导。COSO 的目标是通过制订全面的框架和指导方针，以提高组织的总体绩效（Spira & Page 2003），从而发挥领导作用。

2013 年，COSO 更新发布了内部控制框架，以反映商业世界的变化。新的 2013 框架保留了内部控制的五个组成部分，即控制环境、风险评估、信息和沟通、控制活动和监督。

这里特别介绍了与风险评估相关的四项原则。它们是原则 6 至原则 9：

原则 6：明确规定目标，以便能够识别和评估与目标有关的风险；

原则 7：确定实现其目标的风险；

原则 8：在评估实现目标的风险时，考虑可能存在欺诈行为；

原则 9：确定并评估可能对内部控制系统产生重大影响的变化。

2017 年，COSO 更新了其框架，称为企业风险管理 – 整合框架。他们在 2004 框架上进行了更新，将其组成部分与战略和绩效融合在一起，强调在制订战略和推动绩效时要考虑风险。此更新主要在于协助企业风险管理的改进，以及满足组织改进其风险管理方法，从而适应动态或不断变化的业务环境的需要（Accountants 2004）。

2.7　分析风险管理框架

多年来，已开发了若干风险框架。这些框架各有优缺点。基本上，它们都需要一个拥有多学科背景的团队。规程对组织资产、库存风险、定义、控制、评估和风险，以及规模估计都有需要。

最著名的风险框架 OCTAVE 有三个版本。原始的是一个功能全面的版本，服务于相关文件资料充足的大型组织。而 OCTAVE-S 多学科小组可由更少的人来代表，小组主要服务于技术类需求，成员通常拥有专业的商业知识。在这一评估过程中，提供文件材料的负担相对较轻。OCTAVE 这一系列的最新产品结构更为精细，其方法比之前的产品针对性更强，这就是 Allegro。Allegro 在过程最初需要额外的规则、观点资产、视系统、应用程序和环境容器。对信息范围的抽象评估（如受保护的健康信息）以及身份和信息被有效存储、处理或传输，在这一过程中，这一容器是十分必要的，从而评估整体风险。OCTAVE 系列工作表的好处之一是记录过程中的每一步，为每个安排提供模板，这些直接或计划用于某一特定组织。

正如美国国家标准技术研究所的特别出版物 800–30 NIST 框架中所描述的，它可以应用于任何一个正常的属性。它使用了与 OCTAVE 稍有不同的术语，但遵循了类似的结构。它的简洁性和更坚实的组成部分（例如系统）集中在风险评估上，使它成为新组织的优秀候选人。此外，NIST 还宣称政府机构和与之合作的组织都可以使用它。

ISACA 的 COBIT、ISO 27001 和 27002 是需要管理和安全措施的风险管理程序组织。COBIT 和 ISO 27005 都提供但不需要自身版本的风险管理框架。它们推荐了可重复的风险评估方法，当具体要求明晰后这些方法便需要执行。所有 ISO 27000 系列中包含的 COBIT 都是为实现安全性而设计的。因此，这些一致的领域都需要进行风险评估。换句话说，风险中描述的 COBIT 风险评估超出了安全范畴，尤其是 ISO 27005，它侧重于安全性、开发、业务连续性和 IT 运营，并将其他类型的风险也纳入其中。

ISO 27005 NIST 遵循类似的结构，但定义条件不同。例如，基础设施威胁、漏洞和控制在称为行动"Move"的创建环境中考虑，包括风险识别、评估，以及讨论程序和文档潜在风险以及业务影响的风险分析。ISO 27005 在附件中纳入了其他风险框架和风险评估，它们与特定业务相关，并以依赖于组织的方式对风险进行量化。

不同类型的组织不断受到各种风险的影响，例如，信息技术风险、人员风险和过程风险，可以使用框架和标准来帮助组织管理此类风险。但是，他们需要为他们的组织和业务选择最合适的类型，从而来解决这些安全风险。反虚假财务报告委员会发起组织（COSO）框架是在其风险管理过程中提供风险评估过程的可用框架之一。

COSO 强调开发一个能够将风险管理完全融合到组织中的框架。该框架能确保企业范围的过程是可支持的、迭代的和有效的。这意味着风险管理将成为治理、策略和计划、管理、报告过程、政策、价值和文化中的一个积极组成部分。该框架提供了风险管理、报告和责任制的一体化。它致力于适应每个组织的特殊需要和结构。

2.8　信息物理系统架构的完全弹性在安全层面应如何体现

对影响信息物理系统安全性的威胁，现有的方法采用井基的观点，同时旨在提高信息物理系统体系结构的弹性。换句话说，他们在维护信息物理系统体系结构安全性的同时，考虑了一种由内而外的方法。然而，除此之外，可能还有其他目前不为人知的由外向内的威胁。当这些威胁发生时，它们将有能力扰乱网络域中的信息流。这是合乎逻辑的，因为新的安全警告不断出现，如果需要开发针对信息物理系统体系结构中的安全攻击的完全恢复能力，则需要开发适当的方法和技术，以识别此类威胁并采取相应的缓解措施。换句话说，为了提高信息物理系统体系结构的弹性，有必要在信息物理系统安全管理方面采取主动措施。

　　许多不同领域的文献都强调了在风险管理等领域积极主动的重要性。然而，信息物理系统安全的现有方法旨在基于当前已知的安全威胁来保护体系结构。除了这样做，还建议对可能出现的新威胁进行持续分析，并制订相应的措施以减轻这些威胁。基于已经生成的大量信息，实现这一点的一种方法是将现有的信息物理系统安全方法与数据科学技术相结合，这会使信息物理系统安全管理人员能够更好地管理信息物理系统目标。文献中已有的研究（Wang et al. 2016）强调了在物流和供应链等应用中使用大数据分析的必要性。但这种方法侧重于利用预测性、规范性和描述性的过程。虽然这些方法将为更好的运营管理提供见解，但除非实时进行分析，否则它们在安全管理领域不会有帮助。这是因为安全管理的主要目标之一是采取主动的方法，来分析和管理可能对最终目标产生不利影响的事件。为了实现这一点，安全管理人员需要对信息进行实时流处理，然后可以将其与目前正在使用的信息物理系统安全管理的现有传统方法相结合。

2.9　信息物理系统的安全风险管理参考样式

　　现代网络以其广阔的工具范围成为理解事件实时处理的"实验室"。此外，人们已提出了一系列技术来挖掘这些信息，并理解大型社会和信息网络。这些技术属于社会和信息网络分析（SINA）的研究领域，其中链接分析、网络社区检测、网络传播和网络信息传播是此领域的主要主题。使用这些模型来分析数据可以使信息物理系统安全管理人员了解行为和模式，并将感兴趣的信息与预期的现象区分开来，从而产生更深刻的理解。大量的数据科学技术被广泛应用于文献中，如网络图分析、实时信息采集与分析、企业知识图、情感分析和社交媒体分析等。然而，并不是所有的技术都对这些场景有利。这里的挑战是根据分析所需的目标，确定哪些技术结合哪些分析是最有利的，并相应地使用它们。

　　为了实现上述目标，不仅要有必需的数据，而且要在所需的时间以所需的格式获取数据。这属于数据表示、数据管理、数据访问和信息及时处理的范畴。需要开发适当的技术，使信息物理系统安全管理人员能够在短时间内利用这些数据，从而有利于管理供应链风险。并不是所有的网络数据都是可靠和值得信赖的。因此，在利用数据进行分析前要研究数据来源，以确定其可靠性和可信度，这是关键。

2.10 结论

随着对信息物理系统基础设施免受网络攻击的适当安全需求的增加，出现了许多不同的风险评估方法来帮助实现这一目标。来自各方的关于风险评估和风险管理框架的许多国际标准和指南可能会让寻求安全（策略）的公司感到困惑。然而，可以使用适当的准则和标准为信息物理系统开发适当的风险评估，以满足此类关键系统的安全要求。

在本章中，我们对信息物理系统风险评估领域进行了文献综述，以提供关于该领域现有研究和工作的基本信息。此外，本章还列出了信息物理系统和智能电网中最相关的风险评估方法。风险评估过程帮助组织确定处于风险中的资产，并帮助定义控制措施以降低这些风险。风险评估过程主要基于可能对任何关键系统造成损害的威胁和漏洞。

一个全面的风险评估和风险管理框架有助于正确地评估组织内安全问题的重要性。虽然可以用于执行风险评估的框架数量相当多，但是，可以与这些框架结合使用的合适的评估方法数量非常少。与此同时，重要的是要理解，要完全抵御信息物理系统安全风险，我们需要积极地识别可能出现的不同对手，并相应地加以管理。

参考文献

Accountants, A. I. O. C. P. (2004). COSO enterprise risk management—Integrated framework. Available online: https://www.cpa2biz.com/AST/Main/CPA2BIZ_Primary/InternalControls/ COSO/PRDOVR~PC-990015/PC-990015.jsp.

Ahmadi-Javid, A. (2012). Entropic value-at-risk: A new coherent risk measure. *Journal of Optimization Theory and Applications*, pp. 1–19.

Al-Ahmad, W., & Mohammad, B. (2012). Can a single security framework address information security risks adequately? *International Journal of Digital Information and Wireless Communications*, 2, 222–230.

Alberts, C. J., Behrens, S. G., Pethia, R. D., & Wilson, W. R. (1999). *Operationally critical threat, asset, and vulnerability evaluation (OCTAVE) framework* (Vol. 1).

Almorsy, M., Grundy, J., & Ibrahim, A. S. (2011). Collaboration-based cloud computing security management framework. In *International Conference on Cloud*

Computing. IEEE.

Ashibani, Y., & Mahmoud, Q. H.（2017）. Cyber physical systems security: Analysis, challenges and solutions. *Computers & Security*, 68, 81–97.

Axelrod, C. W.（2013）. Managing the risks of cyber-physical systems. In *Long Island Conference on Systems, Applications and Technology*. IEEE.

Berg, H.-P.（2010）. Risk management: Procedures, methods and experiences. *Risk Management*, 1, 79–95.

Bopp, T., Ganjavi, R., Krebs, R., Ntsin, B., Dauer, M., & Jaeger, J.（2014）. Improving grid reliability through application of protection security assessment. In *IET international conference on developments in power system protection*. Copenhagen: IET.

Brezhnev, E., & Kharchenko, V.（2013）. BBN-based approach for assessment of smart grid and nuclear power plant interaction. In *East-west design & test symposium*. Rostov-on-Don: IEEE.

Cashell, B., Jackson, W. D., Jickling, M., & Webel, B.（2004）. The economic impact of cyber-attacks. Available online: http://www.au.af.mil/au/awc/awcgate/crs/rl32331. pdf.

Cepeda, J., Colomé, D., & Castrillón, N.（2011）. Dynamic vulnerability assessment due to transient instability based on data mining analysis for smart grid applications. In *2011 IEEE PES conference on innovative smart grid technologies（ISGT Latin America）*. IEEE.

Ceseña, E. A. M., Capuder, T., & Mancarella, P.（2015）. Flexible distributed multienergy generation system expansion planning under uncertainty. *IEEE Transactions on Smart Grid*, p. 1.

Charitoudi, K., & Blyth, A. J.（2014）. An agent-based socio-technical approach to impact assessment for cyber defense. *Information Security Journal: A Global Perspective*, 23, 125–136.

Charleston, L. J.（2017）. Three of the biggest cyber security threats to Australian business. Available: http://www.huffingtonpost.com.au/2017/04/05/three-of-the-biggest-cyber-security-threats-to-australian-busine_a_22027681/. Accessed April 6, 2017.

Ciapessoni, E., Cirio, D., Pitto, A., Massucco, S., & Silvestro, F.（2014）. A novel approach to account for uncertainty and correlations in probabilistic power flow. In *Innovative smart grid technologies conference Europe（ISGT-Europe）, 2014 IEEE PES*. IEEE.

Clements, S. L., Kirkham, H., Elizondo, M., & Lu, S.（2011）. Protecting the smart grid: A risk based approach. In *Power and Energy Society general meeting, 2011 IEEE*. IEEE.

Djemame, K., Armstrong, D., Guitart, J., & Macias, M.（2014）. A risk assessment framework for cloud computing. *IEEE Transactions on Cloud Computing*, 1.

ENISA.（2012）. *Annex II. Security aspects of the smart grid*. Heraklion: European Network and Information Security Agency.

Enose, N.（2014）. Implementing an integrated security management framework to ensure a secure smart grid. In *2014 International conference on advances in computing, communications and informatics（ICACCI）*. IEEE.

Fletcher, K. K., & Liu, X. F. (2011). Security requirements analysis, specification, prioritization and policy development in cyber-physical systems. In *2011 5th International conference on secure software integration and reliability improvement companion* (*SSIRI-C*). IEEE.

Giraldo, J., Sarkar, E., Cardenas, A. A., Maniatakos, M., & Kantarcioglu, M. (2017). Security and privacy in cyber-physical systems: A survey of surveys. *IEEE Design & Test, 34*, 7–17.

Group, S. G. I. P. C. S. W. (2010). *NISTIR 7628-guidelines for smart grid cyber security.*

Habash, R. W., Groza, V., & Burr, K. (2013a). Risk management framework for the power grid cyber-physical security. *British Journal of Applied Science & Technology, 3*, 1070–1085.

Habash, R. W., Groza, V., Krewski, D., & Paoli, G. (2013b). A risk assessment framework for the smart grid. In *2013 IEEE conference on electrical power & energy conference* (*EPEC*). IEEE.

Hecht, T., Langer, L., & Smith, P. (2014). Cybersecurity risk assessment in smart grids. *Tagungsband ComForEn 2014*, 39.

Hillson, D. (2002). Extending the risk process to manage opportunities. *International Journal of Project Management, 20*, 235–240.

Humayed, A., Lin, J., Li F., & Luo, B. (2017). Cyber-physical systems security—a survey. https://ARXIV.ORG/ABS/1701.04525.

Humphreys, T. (2006). State-of-the-art information security management systems with ISO/IEC 27001: 2005. *ISO Management Systems, 6*, 1.

Hussain, O. K., Dillon, T. S., Hussain, F. K., & Chang, E. J. (2013). *Risk Assessment and management in the networked economy.* Berlin Heidelberg: Springer.

Karantjias, A., Polemi, N., & Papastergiou, S. (2014). Advanced security management system for critical infrastructures. In *IISA 2014, The 5th international conference on information, intelligence, systems and applications.* IEEE.

Kumsuprom, S., Corbitt, B., & Pittayachawan, S. (2008). ICT risk management in organizations: Case studies in Thai business. In *19th Australasian conference on information system.* Christchurch: ACIS.

Law, Y. W., Alpcan, T., & Palaniswami, M. (2015). Security games for risk minimization in automatic generation control. *IEEE Transactions on Power Systems, 30*, 223–232.

Lebanidze, E. (2011). *Guide to developing a cyber security and risk mitigation plan.* Arlington, VA: National Rural Electric Cooperative Association.

Lewis, J. A. (2002). Assessing the risks of cyber terrorism, cyber war and other cyber threats. *Center for Strategic and International Studies* (*CSIS*), 1–12.

Liu, C.-C., Stefanov, A., Hong, J., & Panciatici, P. (2012). Intruders in the grid. *IEEE Power and Energy magazine, 10*, 58–66, 1540–7977.

Lu, T., Xu, B., Guo, X., Zhao, L., & Xie, F. (2013). A new multilevel framework for cyber-physical system security. In *First international workshop on the swarm at the edge of the cloud*. Montreal: TerraSwarm.

Macdonald, D., Clements, S. L., Patrick, S. W., Perkins, C., Muller, G., Lancaster, M. J., & Hutton, W. (2013). Cyber/physical security vulnerability assessment integration. In *2013 IEEE PES Innovative Smart Grid Technologies (ISGT)* (pp. 1–6). Washington, D.C.: IEEE.

Machado, R. C., Boccardo, D. R., De Sá, V. G. P.D., & Szwarcfiter, J. L. (2016). Software control and intellectual property protection in cyber-physical systems. In *EURASIP Journal on Information Security*, *2016*, 8.

Madhyastha, S. (2017). Cyber security—One size does not fil all. *Cyber security by design*. Available online: https://www.stickman.com.au/cyber-security-one-size-not-fit-all/. Accessed April 3, 2017.

Manuel, D. (2015, October 29). The reputational damage of data breaches: don't hope for customer apathy. *CSO Bloogers*. Available online from: https://www.cso.com.au/blog/cso-bloggers/2015/10/29/the-reputational-damage-of-data-breaches-dont-hope-for-customer-apathy/.

Maple, C. (2017). Security and privacy in the internet of things. *Journal of Cyber Policy*, *2*, 155–184.

Marrone, M., & Kolbe, L. M. (2011). Impact of IT service management frameworks on the IT organization. *Business & Information Systems Engineering*, *3*, 5–18.

Merrell, S., Moore, A. P., & Stevens, J. F. (2010). Goal-based assessment for the cybersecurity of critical infrastructure. In *IEEE International Conference on Technologies for Homeland Security (HST)* (pp. 84–88). Waltham, MA. IEEE.

Noyan, N. (2012). Risk-averse two-stage stochastic programming with an application to disaster management. *Computers & Operations Research*, *39*, 541–559, 0305–0548.

Orojloo, H., & Azgomi, M. A. (2014). A method for modeling and evaluation of the security of cyber-physical systems. In *2014 11th International ISC conference on Information Security and Cryptology (ISCISC)* (pp 131–136). Tehran: IEEE.

Qiang, S., Yibin, Z., Dong, H., Zheng, Y., & Jianwei, Z. (2012). Multi-elements and multi-dimensions risk evaluation of smart grid. In *2012 IEEE conference on innovative smart grid technologies-Asia (ISGT Asia)* (pp. 1–6). IEEE: Tianjin.

Ray, P. D., Harnoor, R., & Hentea, M. (2010). Smart power grid security: A unified risk management approach. In *2010 IEEE International Carnahan conference on security technology (ICCST)* (pp. 276–285). San Jose, CA: IEEE.

Seifert, D., & Reza, H. (2016). A security analysis of cyber-physical systems architecture for healthcare. *Computers*, *27*, 1–24.

Shafi, Q. (2012). Cyber physical systems security: A brief survey. In *12th International Conference on Computational Science and Its Applications* (pp. 146–150), June 18–21, 2012.

Spira, L. F., & Page, M. (2003) . Risk management: The reinvention of internal control and the changing role of internal audit. *Accounting, Auditing & Accountability Journal, 16*, 640–661.

Sridhar, S., Hahn, A., & Govindarasu, M. (2012) . Cyber–physical system security for the electric power grid. *Proceedings of the IEEE, 100*, 210–224.

Stoneburner, G., Goguen, A., & Feringa, A. (2002) . Risk management guide for information technology systems. In *Nist special publication 800-30* (pp. 2–56) .

Taylor, C., Krings, A., & Alves-Foss, J. (2002) . Risk analysis and probabilistic survivability assessment (RAPSA) : An assessment approach for power substation hardening. In *ACM Workshop on scientific aspects of cyber terrorism*, Washington D.C.

Tiwana, A., & Keil, M. (2004) . The one-minute risk assessment tool. *Communications of the ACM, 47*, 73–77.

Vellaithurai, C., Srivastava, A., Zonouz, S., & Berthier, R. (2015) . CPINDEX: Cyber-physical vulnerability assessment for power-grid infrastructures. *IEEE Transactions on Smart Grid, 6*, 566–575.

Waters, D. (2011) . *Supply chain risk management—Vulnerability and resilience in logistics*. Great Britain: Kogan Page.

Wang, G., Gunasekaran, A., Ngai, E. W. T., & Papadopoulos, T. (2016) . Big data analytics in logistics and supply chain management: Certain investigations for research and applications. *International Journal of Production Economics, 176*, 98–110.

Wang, E. K., Ye, Y., Xu, X., Yiu, S. M., Hui, L. C. K., & Chow, K. P. (2010) . Security issues and challenges for cyber physical system. green computing and communications (GreenCom) . In *2010 IEEE/ACM International conference on & international conference on cyber, physical and social computing (CPSCom)* (pp. 733–738), December 18–20, 2010.

Wardell, D. C., Mills, R. F., Peterson, G. L., & Oxley, M. E. (2016) . A method for revealing and addressing security vulnerabilities in cyber-physical systems by modeling malicious agent interactions with formal verification. *Procedia Computer Science, 95*, 24–31.

Wu, G., Sun, J., & Chen, J. (2016) . A survey on the security of cyber-physical systems. *Control Theory and Technology, 14*, 2–10.

Yong, P., Tianbo, L., Jingli, L., Yang, G., Xiaobo, G., & Feng, X. (2013) . Cyber-physical system risk assessment. In: *Ninth international conference on intelligent information hiding and multimedia signal processing*, Beijing, China.

第 3 章
信息物理系统的无线传感器网络安全

由于自身的可行性及诸多优势，对于许多应用而言，无线传感器网络（WSN）现已成为一项重要的技术，并且已经用于政府、军事、交通、医疗保健、教育、商业以及环境中。与前几代技术相比，无线传感器网络使得感应、追踪、监控和自动化更加简单高效。由于无线传感器网络的广泛应用和巨大潜力，在发展过程中，这一技术如今面临着许多威胁和急需改进的缺点。本章对无线传感器网络的相关研究进行了文献综述，讨论了与其相关的安全问题及应对过程中的挑战。

3.1 简介

无线传感器网络可以被描述为传感器和执行器的无线网络，用来监视和控制特定的任务、操作或环境（Yang 2014）。如图 3.1 所示，无线传感器网络的基本结构由一个传感器场构成，传感器场是由用于收集给定任务数据的传感器组成的，传感器将参数报告给基站或数据接收器。该基站或数据接收器通过互联网或专有网络连接到任务管理器（Khalid et al. 2013；Boukerch et al. 2007；Chen et al. 2007b）。无线传感器网络的一些基本优点是成本低、尺寸小、功耗低、坚固、易于部署、耐用、功能多等（Han et al. 2014；Yick et al. 2008；Yang & Cao 2008；Li & Gong 2008）。由于这些优点，无线传感器网络在军事、交通、医疗、工业、商业、教育等领域得到了广泛的应用（Han et al. 2014；Yick et al. 2008；Boukerch et al. 2007）。由于尺寸和韧性特点，这些传感器还可以被部署在水下深处、敌方领地、野生森林、极热/极冷的环境中，这些地方是人类以前无法监测到的。

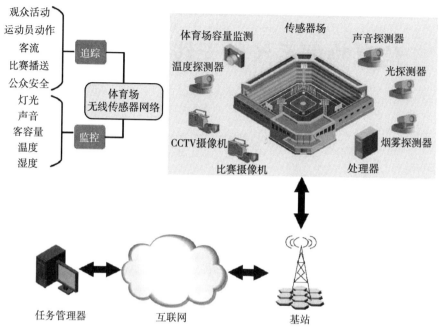

图 3.1 无线传感器网络结构

传感器网络技术的研究始于 20 世纪 70 年代末（Lopez et al. 2010）。无线传感器网络的概念产生于 20 世纪 90 年代末和 21 世纪初，当时该技术已足够成熟，能够创建一个小型、低功率节点的分布式网络，可以进行无线通信（Byers & Nasser 2000；Estrin et al. 1999）。随着这一领域的研究和发展，美国电气电子工程师学会（IEEE）发布了被称为智能变送器网络的标准（Lee 2000）。它指定了传感器节点所需的功能，这项技术开始被称为智能传感器（Lewis 2004）。随着时间的推移，这个概念被称为无线传感器网络。无线域网标准后来被美国电气电子工程师学会作为无线传感器网络的无线通信标准发布（Yang 2014；Egan 2005；Kinney 2003）。如图 3.2 所示，无线传感器网络技术目前正在许多应用程序中使用。与其他通信技术一样，无线传感器网络也有自己的安全目标、问题、漏洞和威胁。

本章内容涉及对无线传感器网络中实施的安全问题、攻击和对策进行调查。调查中还考虑了信任和信誉概念在无线传感器网络中的重要性。

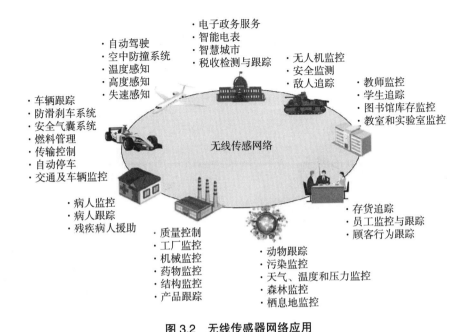

图 3.2　无线传感器网络应用

3.2　无线传感器网络安全

　　无线传感器网络领域正在以极快的速度发展，吸引了大量的研究人员、工程师、投资者和政府，最重要的是，攻击者也进入了这个领域。萨尔玛（Sarma）和卡尔（Kar）在其文章中提到，无线媒体本来就不那么安全（Sarma & Kar 2006）。由于无线网络的广播性质，窃听变得简单，任何传输都很容易被对手中断或改变。无线媒体使攻击者能够轻易拦截通信并注入恶意数据包。在缺乏令人满意的安全性的情况下，传感器网络部署容易受到大量攻击。传感器节点的限制和无线通信的本质带来了特殊的安全挑战。正如许多作者（Zia & Zomaya 2006；Undercoffer et al. 2002）所提到的，传感器网络安全的研究通常是在可信的环境中进行的。然而，在被认为是可信传感器网络之前，仍有许多研究挑战需要解决。它们可以被明确地表示为两种类型，即安全性和可靠性。可靠性是确保系统按照其规范执行的一个方面。与无线传感器网络可靠性相关的一些问题包括检测 / 传感、数据传输、数据包、事件发生（Willig & Karl 2005；Mahmood et al. 2015；Hsu et al. 2007）。安全性是无线传感器网络的一个主要问题，就像其他无线通信技术一样，如全球移动通信系统（GSM）、蓝牙等。无线传感器网络的一些安全问题如图 3.3 所示（Yu et al. 2012；Lopez et al. 2009；Li & Gong 2008）。

图 3.3　无线传感器网络中的安全问题

无线传感器网络中可能的安全攻击如下：

● 节点破坏
● 被动信息收集
● 节点故障
● 节点宕机
● 虚假节点
● 信息损毁
● 流量分析
● 污水池攻击
● 路由循环
● 虫洞

- 选择性转发
- 拒绝服务攻击
- 女巫攻击
- 泛洪攻击

无线传感器网络中的攻击可以通过多种方式进行分类。从攻击者类型来看，可分为内部攻击和外部攻击两种类型（Yu et al. 2012）。内部攻击发生在攻击者通过破解密码进而获得节点时，而外部攻击则发生在攻击者能够窃听并注入部分数据而无法完全控制无线传感器网络的任何部分时。攻击也可以根据攻击发生的层级进行分类。这些层级包括物理层、链路层、网络层、传输层和应用层（Yang 2014）。应用层是遭受攻击次数最多的层。无线传感器网络遭受的一些攻击的分类情况如图 3.4 所示（Araujo et al. 2012；Lopez et al. 2010；Lopez & Zhou 2008；Li & Gong 2008）。

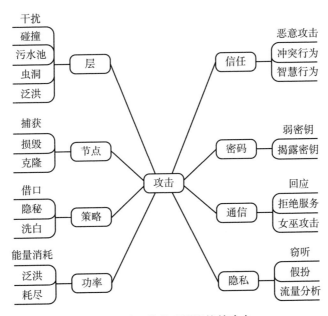

图 3.4　对无线传感器网络的攻击

基于图 3.4 给出的描述，无线传感器各层及所受到的攻击都已被识别并分类，图 3.5 就无线传感器网络各层及受到的攻击给出了基本的理解。无线传感器网络被分为 5 层，分别称为物理层、链路层、网络层、传输层以及应用层。

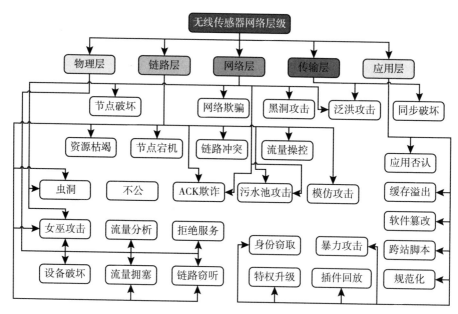

图 3.5 对无线传感器网络各层的攻击类型

无线传感器网络的攻击种类繁多。许多攻击都可以在多个层次上实施。这些攻击根据不同层级来分组,并在下面的章节中进行讨论。以下小节简要讨论了用来执行攻击的技术和成功攻击的影响。同时还讨论了防范这些攻击的对策或防御措施。

3.2.1 物理层的安全问题

流量分析(Virmani et al. 2014;Mohammadi & Jadidoleslamy 2011b)

攻击:利用可能导致网络性能恶化高封包碰撞、流量变动等网络信息模式。

技术:网络数据流检测器逐包检查。

防御:对不公平冲突、不当行为以及身份进行重点监测,标准链路层加密,设置介质访问控制(MAC)请求速率以及使用大数据包。

窃听(Virmani et al. 2014;Mohammadi & Jadidoleslamy 2011b)

攻击:提取重要的无线传感器网络数据。

技术:通过瓦解无线网络传输媒介来密切监视通信信道。

防御:保护措施包括系统访问控制、分散加工、访问限制、高级加密以及巡回安全。

干扰（Sun et al. 2014；Sabeel et al. 2013；Mohammadi & Jadidoleslamy 2011b）

攻击：对相同频率的无线传感器网络无线电信号进行密集干扰。

技术：持续干扰、欺骗性干扰、随机干扰、无功干扰，导致能量耗竭、干扰通信、阻塞整个带宽、损坏数据包、欺骗网络的防御机制。

防御：使用统计信息、通道工具退化阈值和背景噪声进行检测。无线传感器网络可以通过使用访问限制、强加密、循环冗余校验（CRC）检查、低负荷周期、高广播功率、混合跳频扩频/直接序列扩频（FHSS/DSSS）、超宽带、天线极化、定向传输和干扰规避行程设计（JAID）来保护无线传感器网络。

女巫攻击（Virmani et al. 2014；Sabeel et al. 2013；Mohammadi & Jadidoleslamy 2011b）

攻击：造成网络不可访问。

技术：通过多重节点身份假冒造成的角色伪造来破坏网络。

防御：探测包括使用低开销和信号延迟。节点的物理防护对于防御女巫攻击是十分必要的。

基于路径的拒绝服务（Jadidoleslamy 2014；Mohammadi & Jadidoleslamy 2011b）

攻击：耗尽节点电量，干扰网络，拒绝节点访问。

技术：广播大数据包从而产生混合干扰攻击。

防御：提高冗余、反攻击能力，知识验证，实行灰名单机制。

3.2.2 链路层的安全问题

节点宕机（Jadidoleslamy 2014；Mohammadi & Jadidoleslamy 2011a）

攻击：控制无线传感器网络组件的功能，获取关键信息，消除合法节点以停止其服务，并植入恶意数据。

技术：捕获和重新编程正常节点和电子设备。攻击者关停网络节点，使节点观察一致。

防御：节点间的支持和操作是发现的关键。对策包含提供替代路径、严格的协议、防御物理攻击和节点捕获攻击。

干扰（Jadidoleslamy 2014；Mohammadi & Jadidoleslamy 2011a）

攻击：造成密集的数据包冲突和节点资源耗尽。

技术：干扰传感器介质访问控制（S-MAC）、伯克利介质访问控制（B-MAC）和轻量介质访问控制（L-MAC）的协议包。

防御：检测包括低误报率、主动检测和快速检测。对策包括限制介质访问控制（MAC）请求率、使用小尺寸、防御传感器介质访问控制（S-MAC）、协议映射和使用基于虫洞的抗干扰技术。

冲突（Sun et al. 2014；Jadidoleslamy 2014；Mohammadi & Jadidoleslamy 2011a）

攻击：造成一种环境冲突，概率冲突以及确认变更。干扰受损或弃置数据，或控制数据包，并耗尽能量。

技术：两个节点的相同频率信息同步播放。

防御：使能时间。

资源耗竭（Sun et al. 2014；Jadidoleslamy 2014；Sabeel et al. 2013；Mohammad & Jadidoleslamy 2011a）

攻击：破坏传感器；

技术：重复冲突和重传，攻击请求发送/清除发送（RTS/CTS）和随后的确认；

防御：通过发现不当行为来检测。对策包括介质访问控制速率限制、随机回退率、时分多路转换（TDM）、调节链路响应率和身份保护。

流量操控（Virmani et al. 2014；Sabeel et al. 2013；Mohammad & Jadidoleslamy 2011）

攻击：造成侵略性的信道使用、无效的网络、流量失真、增加争用、恶化信号质量。

技术：通过监控信道和浮动介质访问控制方案的使用，为受感染的介质访问控制协议建立约束，模仿正常节点的工作。

防御：对策包括流量分析、冲突防御、不当行为识别、链路层加密和调节介质访问控制请求。

不公（Jadidoleslamy 2014；Mohammadi & Jadidoleslamy 2011a）

攻击：降低效率和信道访问能力。

技术：部分带有冲突和资源耗竭的拒绝服务攻击，以及介质访问控制层优先权的误用。

防御：介质访问控制层差异监测。

确认欺骗（Sabeel et al. 2013；Mohammadi & Jadidoleslamy 2011a）

攻击：导致数据包丢失，控制环路，广播错误消息。

技术：发送窃听包的链路层节点确认；修改/重放跟踪数据。

防御：对策包括使用新的路由、验证、链路层加密和全局共享密钥技术。

污水池攻击（Virmani et al. 2014；Jadidoleslamy 2014；Mohammadi & Jadidoleslamy 2011a）

攻击：卡流量、窃听选择性转发、进行黑洞和虫洞攻击、吞并基站、修改消息和路由表。

技术：使资源枯竭，发布错误的路由信息以转发数据包到集线器，诱捕节点，强制应用数据包，伪造信息，实施识别欺骗。

防御：跳数监视方案，监视节点的中央处理器（CPU）使用情况，并使用消息摘要算法。

窃听（Sabeel 2013；Mohammadi & Jadidoleslamy 2011a）

攻击：利用传输介质，提取关键数据，暴露隐私。

技术：网络拦截。

防御：对策包括访问控制、对分布式处理进行强加密。

模仿（Jadidoleslamy 2014；Mohammadi & Jadidoleslamy 2011a）

攻击：禁用聚类簇头以转移节点。

技术：攻击者重新识别虚拟介质访问控制地址，获得物理访问权，修改路由表，控制节点破坏路由表，破坏传感器，阻塞和分裂网络，生成虚假数据资源，泄露加密密钥和关键信息。

防御：检测包括检测虚假身份、不当行为、欺骗性路由和检测冲突。对策包括强认证、安全路由、证明技术、安全标识、限制介质访问控制速率、使用小数据包帧。

虫洞攻击（Virmani et al. 2014；Jadidoleslamy 2014；Mohammadi & Jadidoleslamy 2011a）

攻击：在无线传感器网络中创建虚假路由、制造混乱、过度使用的路由竞争条件、使网络拓扑改变、路径检测协议崩溃、数据包毁坏。

技术：利用虚假和伪造的路由信息，在两个无线传感器网络节点之间秘密传输信息。

防御：检测错误的路由信息有助于检测虫洞攻击。对策包括多维标度算法、DAWWSEN 协议、边界控制协议、图形定位系统、超声波、全球时钟同步、链路层认证加密。

女巫攻击（Virmani et al. 2014; Sabeel et al. 2013; Mohammadi & Jadidoleslamy 2011a）

攻击：导致网络在数据完整性和可访问性方面无效。

技术：在对等网络中，伪造身份破坏信誉系统。攻击者节点复写伪造节点标识。

防御：通过保持低开销和信号延迟来检测。对策之一是定期更换密钥，建立节点物理屏障。

3.2.3　网络层的安全问题

虫洞攻击（Virmani et al. 2014; Singh 2014; Kaur & Singh 2014; Jadidoleslamy 2014）

攻击：导致路由错误、制造无线传感器网络混乱、过度使用路由竞争条件、使网络拓扑发生改变、使路径检测协议崩溃，破坏数据包。

技术：利用虚假和伪造的路由信息，在两个无线传感器网络节点之间秘密传输信息。

防御：侦测错误的路由信息，侦测虫洞攻击。对策包括多维标度算法、DAWWSEN协议、边界控制协议、图形定位系统、超声波、全球时钟同步、链路认证加密和全局共享密钥。

女巫攻击（Virmani et al. 2014; Sabeel et al. 2013; Mohammadi & Jadidoleslamy 2011）

攻击：导致网络在数据完整性和可访问性方面失效。

技术：在对等网络中，伪造身份破坏信誉系统。攻击者节点复写伪造节点标识。

防御：通过保持低开销和信号延迟来检测。对策之一是定期更换密钥，建立节点的物理屏障。

污水池攻击（Virmani et al. 2014; Singh et al. 2014; Kaur & Singh 2014; Jadidoleslamy 2014）

攻击：其影响包括流量吸收、窃听、选择性转发、黑洞和虫洞攻击、基站位置兼并、信息和数据包更改、选择性消息抑制、路由表修改和资源耗竭。

技术：攻击者发布错误的路由信息。所有网络数据包都被吸引到靠近基站的中央受损集线器，以实现选择性转发来发起二次攻击。攻击者诱捕和催眠节点，迫使应用程序数据包沿着流路径传输，改变接收到的流量信息。

防御：检测包括动态邻接节点的虚假路由信息，通过树形节点结构可视化地理地图进行验证。对策包括混合入侵检测系统（IDS）、传感器网络自动入侵检测系统、迷你路由检测、估测下一跳数发生概率、身份验证、链路层加密、全局共享密钥技术、通过访问限制路由以及对虫洞攻击的检测。

黑洞攻击（Virmani et al. 2014；Sun et al. 2014；Singh et al. 2014；Yu et al. 2012）

攻击：抑制广播，将所有网络流量吸引到虚假最短路径，从而产生黑洞，破坏网络路由表，降低网络吞吐量，分裂网络，增加丢包率。

技术：抑制广播消息，以影响整体流量。在黑洞攻击中，恶意节点不会发送真正的控制消息。来自相邻节点的错误路由回复（RREP）消息会被发送来代替具有最短路径的消息。因此，消息传递给了攻击者。

防御：检测方法为异常时差路由请求（RREQ）和所需的数据包传输数（RNPS）。对策包括身份验证监视和冗余、多路径路由、分散式入侵检测系统和传感器网络自动入侵检测系统。

网络欺骗（Singh et al. 2014；Yu et al. 2012）

攻击：导致网络分裂，资源超支，缩减网络寿命，使路由数据流失。它会对完整性和可靠性产生威胁。

技术：启动附加的网络设备，对其他网络主机发起攻击。通过在源节点和目标节点之间创建一个循环来完成攻击。

防御：可以通过实现安全的地址解析协议（ARP）协议、基于内核的补丁和被动的静态介质访问控制来发现它。一些保护措施是用介质访问控制加密，使用不同的路径来重新发送消息。

确认欺骗（Singh et al. 2014；Jadidoleslamy 2014）

攻击：它导致数据包丢失，控制循环，广播错误消息，同时会修改和回放跟踪数据。

技术：发送窃听包的链路层节点确认。

防御：对策包括使用新的路由、验证、链路层加密和全局共享密钥技术。

泛洪（Virmani et al. 2014；Singh et al. 2014；Yu 2012）

攻击：导致资源耗尽，可用性降低，流量降级。

技术：产生和扩散大量无用的路由请求。广播泛滥、目标泛滥、假身份广播泛滥、假身份目标泛滥。

防御：双向认证。

3.2.4 传输层的安全问题

同步破坏（Sun et al. 2014）

攻击：创建破坏性的网络，造成资源崩溃。

技术：破坏节点传输之间的重新同步连接。

防御：检测方法是性能延迟和扭曲。对策是双重路径检查。

泛洪（Virmani et al. 2014；Sun et al. 2014；Jadidoleslamy 2014）

攻击：导致资源耗尽、可用性降低及流量降级。

技术：产生和扩散大量无用的路由请求。广播泛滥、目标泛滥、假身份广播泛滥、假身份目标泛滥。

防御：双向认证。

3.2.5 应用层的安全问题

应用否认（Sun et al. 2014）

攻击：使对用户正确操作的跟踪控制措施缺失，助长恶意的身份和数据操作。

技术：发起选择性转发攻击。

防御：检测包括虚假的、欺骗性的日志文件。对策包括传感器节点识别和检测。

缓存溢出（Cowan et al. 2000；Silberman & Johnson 2004）

攻击：影响包括破坏程序操作、使内存不可访问、产生不匹配结果和导致内存抖动。

技术：在程序中写入超过缓冲区和内存容量的数据。输入结果超出正常范围。

防御：检测包括静态分析、编译器和操作系统的修改。对策包括使用强大的编程语言，安全库，实施缓冲区溢出保护，利用指针，可执行空间，随机地址空间布局，并进行深度包检测。

跨站脚本攻击（Patil et al. 2011；Cui et al. 2012）

攻击：允许访问和编辑插件、允许会话标记、超文本标记语言（HTML）

页面。

技术：将危险的脚本注入用户的网站。

防御：包括对统一资源定位符（URL）脚本变化的检测。对策包括对环境敏感的服务器进行加密和利用良性的 Java 描述语言应用程序接口（API）。

规范化（Lynch 1999）

攻击/技术：用畸形的表示将数据复制成各种形式。

防御：检测内容包括修改超文本传输协议帖子、超文本传输协议 Gets、NET：Unicode、JSP、Java：Unicode、个人主页（PHP）。对策包括稳健的国际化 Unicode 编码输入。

软件篡改（Xing et al. 2010；Sastry et al. 2013）

攻击/技术：修改应用程序的运行以进行非法攻击，导致二进制补丁误用和代码替换。

防御：对抗措施包括使用反篡改软件、恶意软件扫描程序和反病毒应用程序。

暴力攻击（Benenson et al. 2008；Becher et al. 2006；Fatema & Brad 2014）

攻击/技术：系统地搜索大量密钥样本空间进行密码分析。

防御：对策包括限制尝试次数，以及对登录失败后的账户进行保护。

插件回放（Liu et al. 2005）

攻击：引起网络伪装。

技术：通过数据分流和替换 IP 数据包恶意重复和延迟有效数据的传输。

防御：检测包括由重放所引起的数据冲突和经不可信媒介传输的消息。

凭证盗窃（Baig et al. 2012）

攻击：获取一台计算机的账户凭证，以入侵网络中的其他同类计算机。

技术：横向移动和特权升级。

防御：检测用户账号的异常功能。对策包括限制机密域和本地账户、入站流量、来自本地管理员组的用户、特权域账户和出站代理的远程管理工具。

特权升级（Amini et al. 2007）

攻击：非法获取对受保护资源的访问权，以进行未经授权的操作。

技术：寻找操作系统中的弱点、设计缺陷或配置。

防御：检测网络中非正常用户访问和异常变化。对策包括数据执行的保护、随机地址空间布局、最小权限应用程序、内核模式的数字符号、杀毒软件、补丁、防止缓冲区溢出的编译器、加密和强制访问控制。

下一节将介绍无线传感器网络中信任和信誉的概念。此节对其在无线传感器网络中的研究进展进行了全面的综述，并讨论了如何将其与无线传感器网络的安全性联系起来，以减少安全威胁，同时还探讨了其重要性。

3.3 信任和信誉之于无线传感器网络的重要性及对其弹性的促进作用

信任和信誉的概念自文明之初就存在，各个领域的研究者对这一课题都有所研究（Hardin 2002；Wright 2010；Ashraf et al. 2006）。通过观察人类的这种行为，研究人员试图将其嵌入到信息技术的环境中。无线传感器网络领域信任和信誉的概念是在 21 世纪 00 年代中期提出的，之后便不断发展壮大。

上一节对当前无线传感器网络面临的各种安全问题和攻击类型进行了深入的研究和分析，并提出了一些应对措施。虽然这些安全技术已经使得无线传感器网络的安全性大幅升高，但是信任和信誉技术是在无线传感器网络中获得更高安全性的最有效方法之一。信任被定义为基于过去的经验对特定节点行为的信任程度。信誉被定义为特定节点的全局感知，它基于第三方节点对它的信任（Boukerch et al. 2007）。信任简化了其他各种处理器或资源需求量大又复杂的安全技术，比如认证、加密等，因为它们可或多或少基于节点对另一个节点的信任。信任不仅有助于实现节点之间的安全关系，还有助于节点进行决策，并且促进协作。正如一些作者（Yu et al. 2010）指出的，信任具有语境敏感性、主观性、单向性和传递性。在这种情况下，它是一个重要的安全措施，因为对于无线传感器网络中低容量设备来说，这是一个廉价且有效的解决方案。

确保信任的基本参数是信任资格和可信计算（Pirzada & McDonald 2004）。信任资格代表不同的信任级别，而可信计算定义了计算节点间信任值的方法。定义管理信任和信誉的各种步骤和参数的方案、方法或过程被称为信任和信誉管理方案（TRM）。"信任管理"一词是由布雷泽（Blaze）等人在 1996 年提出的。最初，在无线传感器网络的初始阶段，该模式主要连接到自组织移动网络（Pirzada & McDonald 2004；Liu et al. 2004），P2P 网络（Kamvar et al. 2003）或 MANETs（Jiang & Baras 2004）。信任和信誉管理的基本步骤包括收集信任数据，更新信任值和执行决策。

3.3.1　信任和信誉调查

从 3.1 节的讨论和图 3.1 可以清楚地看到，无线传感器网络的一个重要特性是它的分布式特性。索尔尼奥蒂（Sorniotti）等人在一项调查中强调了这一点，该调查对网络中数据的分布式处理给予了高度重视（2007）。这主要是因为它使通信和数据传输更加简单。同时，该调查还指出了该技术的许多优点及所涉及的信任，讨论了传感器节点故障检测方案，如自诊断和群检测方法，对信誉系统和基于信任的框架也进行了研究和讨论。一个信誉系统融合了经济学、统计学、数据分析和密码学等领域，有助于在传感器节点之间建立信任。另一种涉及贝叶斯方法（Ganeriwal et al. 2008），在这一方法中，节点在其他相关节点上保持其信任和信誉值。一些研究者还讨论了用于非关键传感器网络的基于信任的框架，涉及使用加密材料的（Anderson et al. 2004）、使用公钥认证的（Ngai & Lyu 2014），以及利用贝叶斯和贝塔概率分布的三种类型（Zhang et al. 2006）。另一个值得注意的研究是由伊克（Yick）等人进行的（2008）。他们的研究对无线传感器网络的各种问题和标准进行了良好的文献综述，给无线传感器网络提供了一个广阔的图景。传感器的定位、同步和覆盖及其安全性均是一些主要的讨论问题。基于信誉的分布式信标信任系统（DRBTS）用于节点的安全定位（Srinivasan et al. 2006），SecRout 协议用于数据包传输（Yin & Madria 2006）。安全单元中继协议用于抵御攻击（Du et al. 2006）。以上三种方法都使用信任系统。

斯金尼瓦桑（Srinivasan）等人对信任和信誉系统进行了深入调查（2009）。他们详细讨论了信任、信念、不确定性等社会观点，还讨论了移动自组网（MANET）（Govindan & Mohapatra 2012）、无线传感器网络、节点不当行为等网络观点。同时，他们就目标具有拟合初始化的特性、优点、缺点和编目等方面对信誉和基于信任的系统进行了深入的综述。洛佩斯（Lopez）等人对无线传感器网络中的信任管理系统进行了广泛而全面的调查（2010）。由于当时无线传感器网络的领域已经建立，他们能够根据自己的研究和理解提供一份最佳实践列表。任何信任和信誉系统的基本步骤都包括节点设置、信任参数初始化、信息采集、参数更新和风险评估。他们简化并打破了这些步骤，并对其进行了详细解释。在哈立德（Khalid）等人 2013 年的调查中可见他们调查的进步。他们进行了一项广泛的调查，专门针对无线传感器网络的信任和信誉，讨论了使用散列函数和数字签名实现身份验证的对称密钥等加密技术。在人类行为中观察到的信任和信誉概念已经被运用到无线传感器网络中用于节点交互。信任具有主观性、不对称性、自反性、部分传递性和内容敏感性等属性。信任的概念在 P2P 网络、网格计算、机会计算、社交网络、电子商务和无线传感器网络等领域都有相关研究和讨论。

韩广杰（Han et al. 2014）等人提出了一项针对无线传感器网络，用于检测异常节点行为的信任模型性质和应用的个性化调查。设立信任指标，同时保持隐私对建立可信度的重要性。进一步研究表明，它们在其他无线传感器网络中得到了更广泛的应用。一些研究者（Srivastava & Johri 2012；Reshmi & Sajitha 2014），分别解释阐述了采用间接和直接方法来计算信任并确定其主要特征、优点和缺点以及未来研究的开放问题的各种信任管理方案。两篇论文都指出，服务质量（QoS）和社会信任参数的存在对信任至关重要。

3.3.2 信任和信誉管理

信任和信誉管理是管理无线传感器网络中节点和组件的信任的过程。本节讨论多年来在无线传感器网络中提出和实施的各种信任和信誉管理过程。

最早与无线传感器网络相关的信任和信誉管理之一是由皮尔扎达（Pirzada）和麦克唐纳（McDonald 2004）提出的。他们在论文中提出了一种由信任偏差、信任资格和信任计算三部分组成的信任模型。该偏差基本上是根据 8 个不同的参数从网络中其他节点获得的节点信誉，信任资格等级范围为 −1 到 +1。对于信任计算，他们还给出了一个涉及情景信任和权重的关系，这引起了世界各国研究者对这一领域的兴趣。其中一项工作由莫马尼（Momani）等人完成（2007a，b）。莫马尼（Momani）等人在无线传感器网络中采用了电子商务中使用的 beta 信誉系统的概念（Jsang & Ismail 2002）。他们进行了一项调查并提出一种在无线传感器网络建立信任模型的方法（2007b）。这个方法后来被进一步发展为递归贝叶斯方法（Momani et al. 2007a）。莫马尼（Momani）和查拉（Challa）认为，如果恶意节点在向系统注入虚假数据的同时进行无缝通信，则该恶意节点依旧可以被信任（2008）。因此，在现有通信信任的基础上引入了数据信任，形成了一个改进的信任模型。然后莫马尼（Momani）等人将他们的模型与另一个模型进行比较，以证明仅考虑通信信任不足以信任一个节点（2008）。

陈海广等人（Chen et al. 2007a）举例说明了无线传感器网络安全性较低，因此提出了一个包含统计、概率和数学分析工具的信任管理框架（2007a）。因此，它是信任和信誉的一种数学框架。他们还引入了确定性这一术语，定义了给定节点的信任和信誉值的确定性（2007a）。它描述了在无线传感器网络中所产生情景的充分决策中存在的正面或负面的结果。在此基础上，他们已经提出了一个四点方案，即首先赋予信任和信誉空间，空间之间可以相互转化，并有相关的明确解释。然后再使用监视机制来处理无线传感器网络中每个节点的信任、信誉和确定性这三个参数。与此类似，另一组研究人员（Fernandez-Gago et al. 2007）再次强调了与移动自组网和 P2P 网络相比，无线传感器网络缺乏适当的信任管理解决方案（2007）。而且，因其在无线传感器网络中使用，现有系统中潜在的解决方案的问题。这很清晰地解释了历史感知系统的重要性和基站的作用（Fernandez-Gago et al. 2007）。

从简介部分的讨论中可以知道，无线传感器网络中的传感器是用来监视和跟踪某种对象的类群，而信任和信誉管理在很大程度上取决于无线传感器网络的群属性。谢赫（Shaikh）等人在 2009 年考虑到这一点，并提出了一个基于群的轻量级信任管理方案（GTMS），用于具有群属性的无线传感器网络，以提供更快速的信任评估。这使得能够在通信能量消耗和开销更少的前提下获得更快记录存储记忆的结果，从而适用于大规模无线传感器网络。基于群的轻量级信任管理方案还具有在最初阶段检测异常节点的功能。

为了帮助节点减少计算及更新信任和信誉参数的负担，布克赫（Boukerch）等人在 2007 年提出了一个基于代理的方案。这是最早开始使用术语"无线传感器网络"并将信任和信誉概念引入其中的研究之一。他们针对核心为移动代理系统的具有群属性的无线传感器网络提出了基于代理的信任和信誉管理方案（ATRM）。每个节点都由一个存储信任值的 t-instrument 和一个存储该节点信誉值的 r-certificate 组成，并指定了一个移动代理来管理这些值。这主要试图解决早期研究人员忽视的网络性能问题。通过这种方式，作者减少了时间延迟和额外数据包传输方面的开销，这在他们进行的模拟中得到了证实。雷迪（Reddy）和塞尔米克（Selmic）以此方法开发并于 2011 年提出了基于代理的信任计算方案，它减少了对信任计算高端资源的需求。该方案专为有限的存储、计算和通信资源的无线传感器网络而设置。它使用代理来收集集群中通信距离内每个节点的信誉，并根据获得的信息计算每个节点的信任。作者提出了两种不同的、基于特定集群中节点信誉的协作方法来计算信任。这降低了节点的计算工作量，从而增加了其耐用性。

由于信任和信誉管理的概念和无线传感器网络领域正处于早期发展阶段，该领域的标准尚未确定（Mármol & Pérez 2010）。这使得信任和信誉管理模型之间的比较变得十分困难。一些人在 2009 年试图通过构建模拟器来解决这个问题（Mármol & Pérez 2009）。他们陈述了无法检查模型的正确性以便与另一个信任模型进行比较的事实，同时提出了一个基于 Java 的信任和信誉模型模拟器 TRMSim-WSN，从而以一种简便的方式提供系统信任。这个模拟器是一个用户友好的系统，用户可依据各种规定对与节点或冲突可能性有关的参数进行调整，即定制模拟。

分层信任管理是信任和信誉管理的技术之一。一些人在该领域进行了广泛的研究（Bao et al. 2011a，b，2012）。他们在 2012 年提出了一种极具扩展性的基于群集的分层信任管理协议。这一协议是专为无线传感器网络设计的，通过为整体信任确立创建多维信任属性来改进早期研究人员的工作。比较协议执行时间产生的主观信任与实际节点状态的客观信任来验证协议设计是一个创新的概念。它们的路由和入侵检测应用在基于泛洪的路由和最佳信任阈值方面均达到了理想的性能，其基于信任的入侵检测系统（IDS）算法远胜过传统方法。他们未来的发展目标包括为动态无线传感器网络提供分散式信任管理和分层信任管理。

3.3.3　信任模型和框架

信任模型完整全面地描述了无线传感器网络系统中信任和信誉的实施和管理。研究人员提出了基于概念的模型，包括统计方法、模糊逻辑、分析方法、自然启发方法等，同时还考虑了无线传感器网络的分布、个体、集群等方向。本节将介绍多年来各种信任模型的研究进展。

聚类是一种将许多类似节点组合在一起形成一个聚类簇的方法。簇头由群组指定，负责簇与基站之间的通信。基于这一概念，斯里尼发桑（Srinivasan）等人于 2006 提出了基于信誉的分布式信标信任系统。信标是帮助传感器节点获取其位置的节点，分布式信标信任系统（DRBTS）基于其信誉和多数投票方案来帮助识别恶意节点。普罗斯特（Probst）和卡塞拉（Kasera）采用了统计方法来建立无线传感器网络中的信任（2007）。节点的直接和间接经验用于评估置信区间，这有助于理解信任紧密度与所用资源之间的权衡。冗余动态扩展可用于降低功耗。克罗斯比（Crosby）和皮西诺（Pissinou）在 2007 年提出了基于聚类簇的信誉和信任模型。论文指出了这种方法的能效高，更容易将数据聚合，且对大规模网络的适用性高的优点。当前，研究者已经进行了有价值的研究，以了解在聚类簇或系统中出现恶意节点的后果和影响。随着时间的推移，该模型可帮助良好节点建立信任值，反之亦然 2009 年，谢赫（Shaikh）等人对此做了进一步阐述。其在研究中使用了概率方法来构建模型，模拟结果显示这一方法是十分可行的。

本地化是无线传感器网络中的另一个问题。传感器节点和基站必须知道节点的确切位置，这一点非常关键，并且有助于了解正在感知的数据的确切内容和位置。张（Zhang）等人是最早一批就该课题进行论文写作的人之一，他们提出了使用 ID 密码学（IBC）的基于位置的认证法（2006b）。尽管该提案并非专属于无线传感器网络，但它确实为本地化研究提供了一个开端。布克什（Boukerche）等人于 2008 年研究了无线传感器网络中的各种安全方法，并考虑将其本地化。克罗斯比等人认识到本地化的重要性，并提出了一种具有位置感知能力的基于信任的检测（2011）。这是在他们之前工作的基础上的新发展（Crosby & Pissinou 2007）。位置感知使他们的模型完整性更高，这是通过分析接收信号的强度和验证位置的简单技术完成的，而节点可靠性的确定则是通过报告位置与计算位置之间差异的阈值来实现的。使用动态更新方案，能够周期性地验证其单跳邻居节点的位置。位置参数以及信任和信誉参数是一起更新的。目前苗等人（Miao et al. 2015）正在进行相关研究，他们提出了一种轻量级的分布式本地化方案，并实现了称为虚拟力定位算法（VLA）的三步定位技术。然后使用接收信号强度指示符（RSSI）验证该位置，并且就良好节点、漂移节点或恶意节点做出决定。

两名作者（Kim & Seo 2008）将模糊逻辑的概念引入无线传感器网络信任。它有助于根据传感器的可信度和可信度值区分好、坏传感器。这些值被用于模糊逻辑关系，相应的结果给出了特定节点的信任级别。虽然这一概念为该领域引入了新的想法，但其可行性还未经检验。詹（Zhan）等人提出了一个不同的想法，提出了 SensorTrust 模型（2009），专为分层无线传感器网络而设计，主要用于应对与数据完整性相关的问题，并且有助于提高效率。此模型还会估计子节点的信任度，作为一个基于动态内存的系统，该模型能将过去的风险历史记录与当前值相结合，通过采用高斯模型来帮助识别当前的信任场景（Fraley 1998）。在协议的帮助下，该模型用于评估数据的完整性，并可根据不同的视角进行调整。结果显示，SensorTrust 模型或能够确定无线传感器网络中的信任级别，以防止报告错误数据。

纳赛尔（Naseer）明确提出了针对行为相关攻击的安全性基本规定，特别是针对不同类型的无线传感器网络环境的信任感知路由（2012）。基于信任的路由框架建立于各种信誉系统之上，这些系统深入解释了该框架的优缺点。此外，为满足无线传感器网络的需求，传感器节点附加信誉评估器（SNARE）的创新概念已被构建，以监视、评估和响应其组件，并应用无线传感器网络的优化条件。在此过程中，地理、能源和信任感路由（GE-TAR）将增加数据包流量。

随着无线传感器网络和信任的发展建立，能效成为无线传感器网络的一个重要方面。艾尔玛（Almasri）等人就这一问题的解决进行了研究（2013）。TERP（Almasri et al. 2013）是一种路由协议，基于目的地序列距离矢量（DSDV）协议，兼顾了无线传感器网络中的信任和能源效率。

卡尔奇克（Karthik）等人发表了该领域的最新学术成果（Karthik 2014）。他们举例说明了信任在为无线传感器网络带来可靠性方面的关键价值。因此，他们提出了一种用于评估信任机制框架，以应对潜在的系统挑战。该模型基于三个主要因素：安全性、可靠性和移动性，这是对杜利帕拉（Dhulipala）等人先前工作的进一步发展（2013）。在未来，如准确性、可扩展性和容错性在内的更多维度都将会被包含在内。

对此的最新研究是创建一个轻量级模型，使信任模型更容易、更简单、更快捷。例如，李（Li）等人为无线传感器网络提出了一种轻量级信任系统——轻量级可靠信任系统（LDTS）（2013）。在这一系统中，通过消除聚类簇节点的反馈和实施可靠性强的信任机制，能耗被大大降低。同时，信任聚合使用了自适应加权方法。这些都使轻量级可靠信任系统更高效，因为所需的内存和功率更低。王（Wang）等人努力改进使计算更简单，能耗更低（2014）。基于节点之间的理解，信任矩阵可以计算直接或间接两种信任中的任何一种，并基于该算法做出决定。该模型是对检测率和能量消耗的折中权衡。辛格（Singh）等人2015年的研究提出轻量级信任模型（LTM），对这一点做了进一步发展。该模型具有动态信任构建机制，机制中还嵌入了优先级任务选项。信任聚合使用自适应加权方法执行，有助于减少误判。一些人（Che et al.）将贝叶斯定理（FranzÈn 2008）和熵（Shannon 1948）纳入聚类方法（2015）。该模型利用贝叶斯方法来对信任进行评估。信任更新涉及衰减因子，它通过处理节点历史和衰减因子来完成，它还涉及置信因子，从而验证信任值。熵理论便是服务于此目的，在这一过程中，权重被分配给信任值。因为历史记录衰减减少了内存需求，这种方法使模型更加高效轻量化。

3.3.4 挑战和开放性研究问题

无线传感器网络最关心的两个问题是安全性和可靠性。无线传感器网络安全性面临的主要挑战包括隐私性、环境复杂性、受保护的集合、信任管理和拓扑复杂性（Anand et al. 2006）。可靠性问题包括检测／传感、数据传输、数据包、事件发生（Willig & Karl 2005；Mahmood 2015；Xu et al. 2007）。本节将讨论安全性和可靠性方面的挑战和问题。

3.3.4.1 安全挑战

·**隐私评估**（Kumar et al. 2014；Anand et al. 2006）：传感器网络是几个不同的传感和通信元件的集合，有单独受到物理威胁的固有风险，这可能危及其所持有数据的隐私。虽然单个传感节点的损害不会导致网络安全性的绝对损失，但系统仍需承担由此造成的损失。挑战在于根据逻辑证据来确定度量标准，以在遭受攻击时提供关于危害程度的概率保证。

·**环境复杂性**（Huang et al. 2010；Anand et al. 2006）：为了使感测值有意义，需要将环境的位置和时间参数随读数一起传递。这引发了两个问题。首先，环境和元数据的暴露增加了攻击者在相邻读数之间推断模式的可能性。其次，确定符合成本效益的，同时又不泄露数据参数的方案是一项挑战。这些问题可以通过在预定的消息中继之间引入中断来解决，或者通过制订一种算法来增加传输之间的随机延迟，或是通过伪造消息序列来掩盖合法的背景信息来解决。

·**受保护的集合**（Cardenas et al. 2008；Anand et al. 2006）：在标准安全策略中发现利益冲突，与实践中的程序步骤相反。该策略指定通信的所有流量加密，并且只由源节点和目标节点解密消息，这突出表明通信网络不应受到信任。相反，由于传递数据的每个节点都应该分析数据，从传感器到基站的端对端加密是不可能的。这对开发允许节点中聚集数据又不危及安全性的技术提出了挑战。

·**移动自组网络拓扑**（Sarma & Kar 2006 2008）：无线传感器网络主要使用移动自组网络拓扑。该拓扑易受各种欺骗攻击和链接暴发的影响。攻击可以基于攻击者的喜好，在无线传感器网络的任何节点上发生。这种攻击会导致敏感/秘密数据/信息的泄露、消息干扰和节点模仿。由于无线传感器网络的动态性，模拟攻击很容易实现，每个节点可以根据需要实时激活或停用。节点故障是无线传感器网络中常见的故障，因此采用了动态方法。同时，无线传感器网络由大量传感器组成。传感器的部署完全基于要监视的位置/对象。传感器的分布根据所要监视的给定事件所需的传感器集中程度而变化。因此，无线传感器网络传感器的部署是完全不规则的，这是一个易受攻击的弱点。

·**拓扑复杂性**（Anand et al. 2006；Blilat et al. 2012）：无线传感器网络的拓扑结构是不规则的。显然，中间节点所包含的数据多于末端节点所包含的数据。因此，在无线传感器网络中出现了数据聚集和分布不规则的问题。攻击叶/端节点对攻击者来说意义不大，因为破坏和窃听效果不佳。但攻击根/中间节点对攻击者却非常有利，因为它可以对网络产生显著的影响。这种攻击使得窥探现象不断出现，这一过程中恶意节点根据其他节点执行的补偿聚合来平衡受损节点，获取私有节点数据。所以，隐藏网络的路由结构和表格是一个艰巨的挑战。如果攻击者能够破译路由结构，就可以通过控制路由树的高价值位置来执行攻击。这对攻击者非常有利，因为攻击很少的节点便可捕获整个网络。

·**可访问信任管理**（Momani et al. 2008，2015b；Momani & Challa 2010）：在无线传感器网络中建立信任管理机制，以维持网络中节点间可容忍的信任水平。最重要的功能是清楚区分真节点和假节点。无线传感器网络节点的能量、内存和处理约束是信任管理方法预期要解决的问题。在新部署的节点和以前被攻击的节点中建立信任是信任管理面临的另一个挑战。对决策过程中需要考虑的节点响应数量进行判断也是一项复杂的任务。人们希望有一种适用于大规模无线传感器网络的高效、轻量级密钥管理系统。

·**无线媒介**（Rehana 2009；Wang et al. 2006b）：无线传感器网络要求便携、低成本。因此，无线媒介通信是无线传感器网络的一个重要方面。使用的媒介是无线电信号，如蓝牙和紫蜂（Zigbee）。在无线传感器网络领域中，基于有线通信的安全方案是无效的。因此，设计适合无线传感器网络特点的安全方案是一项具有挑战性的任务。

3.3.4.2　可靠性挑战

在无线传感器网络中，不同地理位置的分散节点将所有收集的数据转发到基站（接收器）。由于无线链路容易出错，在无线传感器网络中，一项重要任务就是可靠地将数据从一个节点传输到接收器。马穆德（Mahmood）等人于2015 年指出，无线传感器网络的可靠性可以分为不同的级别，即分组可靠性、事件可靠性或逐跳可靠性。分组可靠性要求来自传感器节点的所有收集到的分组数据都无线传输到接收器，但在事件可靠性中，不是发送所有信息，而是发送某些事件的信息到接收器。在逐跳可靠性中，中间节点负责执行丢失检测和恢复。然而，在端对端可靠性中，只有终端节点负责执行错误恢复操作（仅源和日标节点）（Mahmood et al. 2015）。

很少有关键的无线传感器网络应用（例如，战区监视应用、入侵检测应用等）需要高级别甚至完全端对端的可靠性。很少有应用需要数据包驱动的一致性，而其他只需要事件驱动的可靠性（Pereira et al. 2007）。王等（2006a）和桑克（Cinque）等（2006）提出了一个问题：传输层的逐跳可靠性是否可以取代介质访问控制 MAC 层的链路层可靠性（甚至做到更有效）（Wang et al. 2005）。同时，他们没有忽略这样一个事实：大多数路由协议都有最低可靠性等级要求以达到可接受的效率。

无线传感器网络中数据传输的可靠性受到多个系统缺陷的威胁。功率限制程序被迫使用功耗更低的差错控制技术，这可能导致数据包丢失或数据传输出错（Cinque et al. 2006）。

阿布埃（Abouei）等（2011）通过在编码阶段添加冗余字节来增强数据包传输的可靠性。冗余字节的添加有助于实现传输的可靠性，但却可能导致节点处额外功率的消耗。

从上面的讨论中可以明显看出，安全性和可靠性是当前无线传感器网络面临的主要挑战。安全性和可靠性都要从内部和外部方面加以解决。

在外部，物理设备总是容易受到攻击者的破坏。这些设备需要更好的物理保护和隐私保护，可以使用如包装、密封、部署在无法到达位置及隐蔽位置等技术来进行保护。外部攻击受到无线传感器网络各个层级的影响。层级必须配备信任和信誉管理计划系统，这可以促进无线传感器网络节点之间实现更简单、更可靠的通信。同时身份验证必须是双向的，并且必须包含允许的最大位长。访问控制级别必须是强制性的，并应明确定义，以避免未经授权的人员访问。除此之外，全局密钥和公共密钥必须更频繁地进行更新和重新验证。生成密钥的算法需要是系统中安全性最强的部分。数据需进行加密处理，使攻击者看不到拓扑结构和环境。

在内部，大多数情况下，一旦内部员工背叛组织，就会使安全成为一种威胁。因此，维护当前员工的活动日志和调查新员工背景非常重要。在组织成员中建立对安全问题、问题对策和最佳处理手段的认识需要更多的关注和主动性。无线传感器网络的管理、运营和技术等领域必须始终共同协作来对抗攻击，须经过广泛测试来验证硬件和软件的可靠性。而且还必须在运行时执行测试，以验证硬件和软件的完整性。

3.4　结论

本章详细介绍了安全问题，特别强调了信任和信誉机制，讨论了相关的安全问题、攻击类型、特征、攻击后果以及一些对策。同时本章对无线传感器网络中的信任和信誉概念进行了系统的文献回顾，并以年度为时间线对报告进行了整理。确定并讨论了信任和信誉概念的未来范围。除此之外，还探讨了安全性和可靠性方面的一些缺点和挑战。

尽管多年来已经开发并实现了各种安全方法，但基于文献及其理解，可以预期信任和信誉机制能构成无线传感器网络的最佳安全技术，这归功于该技术的简单性和有效性。它同时还消除了一些耗时且复杂的过程，这些程序由于节点中可用的功能较少而几乎不可行。

参考文献

Abouei, J., Brown, J. D., Plataniotis, K. N., & Pasupathy, S.（2011）. Energy efficiency and reliability in wireless biomedical implant systems. *IEEE Transactions on Information Technology in Biomedicine*, *15*, 456–466.

Almasri, M., Elleithy, K., Bushang, A., & Alshinina, R.（2013）. Terp: A trusted and energy efficient routing protocol for wireless sensor networks（WSNs）. In *Proceedings of the 2013 IEEE/ACM 17th International Symposium on Distributed Simulation and Real Time Applications*, *2013*（pp. 207–214）. IEEE Computer Society.

Amini, F., Mišic, V. B., & Mišic, J.（2007）. Intrusion detection in wireless sensor networks. *Security in Distributed*, *Grid*, *Mobile*, *and Pervasive Computing*, pp. 111.

Anand, M., Cronin, E., Sherr, M., Blaze, M., Ives, Z., & Lee, I.（2006）. Security challenges in next generation cyber physical systems. In *Beyond SCADA*: *Networked Embedded Control for Cyber Physical Systems*

Anderson, R., Chan, H., & Perrig, A. (2004). Key infection: Smart trust for smart dust. In. *ICNP 2004. Proceedings of the 12th IEEE International Conference on Network Protocols*, *2004* (pp. 206–215). New York: IEEE.

Araujo, A., Blesa, J., Romero, E., & Villanueva, D. (2012). Security in cognitive wireless sensor networks. Challenges and open problems. *EURASIP Journal of Wireless Communications and Networking*, *2012*, 48.

Ashraf, N., Bohnet, I., & Piankov, N. (2006). Decomposing trust and trustworthiness. *Experimental Economics*, *9*, 193–208.

Baig, W. A., Khan, F. I., Kim, K.-H., & Yoo, S.-W. (2012). Privacy assuring protocol using simple cryptographic operations for smart metering. *International Journal of Multimedia and Ubiquitous Engineering*, *7*, 315–322.

Bao, F., Chen, I.-R., Chang, M., & Cho, J.-H. (2011a). Hierarchical trust management for wireless sensor networks and its application to trust-based routing. In *Proceedings of the 2011 ACM Symposium on Applied Computing* (pp. 1732–1738). ACM, New York.

Bao, F., Chen, R., Chang, M., & Cho, J.-H. (2011b). Trust-based intrusion detection in wireless sensor networks. In *2011 IEEE International Conference on Communications* (*ICC*) (pp. 1–6). New York: IEEE.

Bao, F., Chen, R., Chang, M., & Cho, J.-H. (2012). Hierarchical trust management for wireless sensor networks and its applications to trust-based routing and intrusion detection. *IEEE Transactions on Network and Service Management*, *9*, 169–183.

Becher, A., Benenson, Z., & Dornseif, M. (2006). Tampering with Motes: Real-world physical attacks on wireless sensor networks. In J. A. Clark, R. F. PAIGE, F. A. C. Polack, & P. J. Brooke (Eds.), *Security in Pervasive Computing*: *Third International Conference, SPC 2006, York, UK, April 18–21, 2006. Proceedings*. Berlin, Heidelberg: Springer Berlin Heidelberg.

Benenson, Z., Cholewinski, P. M., & Freiling, F. C. (2008). Vulnerabilities and attacks in wireless sensor networks. *Wireless Sensors Networks Security*, pp. 22–43.

Blaze, M., Feigenbaum, J., & Lacy, J. (1996). Decentralized trust management. In *IEEE Symposium on Security and Privacy* (pp. 164–173). New York: IEEE.

Blilat, A., Bouayad, A., El Houda Chaoui, N., & Ghazi, M. (2012). Wireless sensor network: Security challenges. In *2012 National Days of Network Security and Systems* (*JNS2*), *2012* (pp. 68–72). New York: IEEE.

Boukerch, A., Xu, L., & El-Khatib, K. (2007). Trust-based security for wireless ad hoc and sensor networks. *Computer Communications*, *30*, 2413–2427.

Boukerche, A., Oliveira, H., Nakamura, E. F., & Loureiro, A. A. (2008). Secure localization algorithms for wireless sensor networks. *IEEE Communications Magazine*, *46*,

96–101.

Byers, J., & Nasser, G. (2000) . Utility-based decision-making in wireless sensor networks. In *2000 First Annual Workshop on Mobile and Ad Hoc Networking and Computing, 2000. MobiHOC* (pp. 143–144) . New York: IEEE.

Cardenas, A., Amin, S., & Sastry, S. (2008) . Secure control towards survivable cyber-physical systems. In *28th International Conference on Distributed Computing Systems Workshops, 2008. ICDCS '08.* Beijing: IEEE.

Che, S., Feng, R., Liang, X., & Wang, X. (2015) . A lightweight trust management based on Bayesian and Entropy for wireless sensor networks. *Security and Communication Networks, 8,* 168–175.

Chen, H., Gu, G., Wu, H., & Gao, C. (2007a) . Reputation and trust mathematical approach for wireless sensor networks. *International Journal of Multimedia and Ubiquitous Engineering,* pp. 23–32.

Chen, H., Wu, H., Zhou, X., & Gao, C. (2007b) . Reputation-based trust in wireless sensor networks. In *International Conference on Multimedia and Ubiquitous Engineering, 2007. MUE '07* (pp. 603–607) . New York: IEEE.

Choi, J.-H., Choi, C., Ko, B.-K., & Kim, P.-K. (2012) . Detection of cross site scripting attack in wireless networks using n-Gram and SVM. *Mobile Information Systems, 8,* 275–286.

Cinque, M., Cotroneo, D., De Caro, G., & Pelella, M. (2006) . Reliability requirements of wireless sensor networks for dynamic structural monitoring. In *International Workshop on Applied Software Reliability* (*WASR 2006*) (pp. 8–13) .

Cowan, C., Wagle, P., Pu, C., Beattie, S., & Walpole, J. (2000) . Buffer overflows: Attacks and defenses for the vulnerability of the decade. In *Proceedings of DARPA Information Survivability Conference and Exposition, 2000. DISCEX '00* (pp. 119–129) . New York: IEEE.

Crosby, G. V., Hester, L., & Pissinou, N. (2011) . Location-aware, trust-based detection and isolation of compromised nodes in wireless sensor networks. *IJ Network Security, 12,* 107–117.

Crosby, G. V., & Pissinou, N. (2007) . Cluster-based reputation and trust for wireless sensor networks. In *Consumer Communications and Networking Conference*

Dhulipala, V. S., Karthik, N., & Chandrasekaran, R. (2013) . A novel heuristic approach based trust worthy architecture for wireless sensor networks. *Wireless Personal Communications, 70,* 189–205.

Du, X., Xiao, Y., Chen, H. H., & Wu, Q. (2006) . Secure cell relay routing protocol for sensor networks. *Wireless Communications and Mobile Computing, 6,* 375–391.

Egan, D. (2005) . The Emergence of ZigBee in building automation and industrial controls. *Computing and Control Engineering, 16,* 14–19.

Estrin, D., Govindan, R., Heidemann, J., & Kumar, S. (1999) . Next century challenges: Scalable coordination in sensor networks. In *Proceedings of the 5th Annual ACM/IEEE International Conference on Mobile Computing and Networking*(pp. 263–270). New York: ACM.

Fatema, N., & Brad, R. (2014). Attacks and counterattacks on wireless sensor networks. *arXiv preprint* arXiv: 1401.4443.

Fernandez-Gago, M. C., Roman, R., & Lopez, J. (2007). A survey on the applicability of trust management systems for wireless sensor networks. In *Third International Workshop on Security, Privacy and Trust in Pervasive and Ubiquitous Computing, 2007. SECPerU 2007*(pp. 25–30). New York: IEEE.

Fraley, C. (1998). Algorithms for model-based Gaussian hierarchical clustering. *SIAM Journal on Scientific Computing, 20*, 270–281.

Franzèn, J. (2008). *Bayesian cluster analysis*. Ph.D. Doctrate, Stockholm.

Ganeriwal, S., Balzano, L. K., & Srivastava, M. B. (2008). Reputation-based framework for high integrity sensor networks. *ACM Transactions on Sensor Networks (TOSN), 4*, 15.

Govindan, K., & Mohapatra, P. (2012). Trust computations and trust dynamics in mobile adhoc networks: A survey. *IEEE Communications Surveys & Tutorials, 14*, 279–298.

Han, G., Jiang, J., Shu, L., Niu, J., & Chao, H.-C. (2014). Management and applications of trust in Wireless Sensor Networks: A survey. *Journal of Computer and System Sciences, 80*, 602–617.

Hardin, R. (2002). *Trust and trustworthiness*. Russell Sage Foundation.

Hsu, M.-T., Lin, F. Y.-S., Chang, Y.-S., & Juang, T.-Y. (2007). The reliability of detection in wireless sensor networks: Modeling and analyzing. In *Embedded and ubiquitous computing*. Berlin: Springer.

Huang, S.-I., Shieh, S., & Tygar, J. (2010). Secure encrypted-data aggregation for wireless sensor networks. *Wireless Networks, 16*, 915–927.

Jadidoleslamy, H. (2014). A comprehensive comparison of attacks in wireless sensor networks. *International Journal of Computer Communications and Networks(IJCCN), 4*.

Jiang, T., & Baras, J. S. (2004). Ant-based adaptive trust evidence distribution in MANET. In *Proceedings. 24th International Conference on Distributed Computing Systems Workshops, 2004*(pp. 588–593). New York: IEEE.

Jsang, A., & Ismail, R. (2002). The beta reputation system. In *Proceedings of the 15th Bled Electronic Commerce Conference*(pp. 41–55).

Kamvar, S. D., Schlosser, M. T., & Garcia-Molina, H. (2003). The Eigentrust algorithm for reputation management in p2p networks. In *Proceedings of the 12th International Conference on World Wide Web, 2003*(pp. 640–651). New York: ACM.

Karthik, N., & Karthik, J. (2014). Trust worthy framework for wireless sensor networks. *International Journal of Computer Science & Engineering Technology(IJCSET)*,

5, 478–480.

Kaur, D., & Singh, P. (2014). Various OSI layer attacks and countermeasure to enhance the performance of WSNs during wormhole attack. *International Journal on Network Security*, 5 (1), 6.

Khalid, O., Khan, S. U., Madani, S. A., Hayat, K., Khan, M. I., Min-Allah, N., et al. (2013). Comparative study of trust and reputation systems for wireless sensor networks. *Security and Communication Networks*, 6, 669–688.

Kim, T. K., & Seo, H. S. (2008). A trust model using fuzzy logic in wireless sensor network. *World Academy of Science, Engineering and Technology*, 42, 63–66.

Kinney, P. (2003). Zigbee technology: Wireless control that simply works. In *Communications Design Conference* (pp. 1–7).

Kumar, V., Jain, A., & Barwal, P. (2014). Wireless sensor networks: Security issues, challenges and solutions. *International Journal of Information & Computation Technology*, pp. 0974–2239.

Lee, K. (2000). IEEE 1451: A standard in support of smart transducer networking. In *Instrumentation and Measurement Technology Conference, 2000. IMTC 2000. Proceedings of the 17th IEEE, 2000* (pp. 525–528). New York: IEEE.

Lewis, F. L. (2004). *Wireless sensor networks, smart environments: Technologies, protocols, and applications* (pp. 11–46).

Li, X., Zhou, F., & Du, J. (2013). LDTS: A lightweight and dependable trust system for clustered wireless sensor networks. *IEEE Transactions on Information Forensics and Security*, pp. 924–935.

Li, Z., & Gong, G. (2008). Survey on security in wireless sensor. *Special English Edition of Journal of KIISC*, 18, 233–248.

Liu, A. X., Kovacs, J. M., Huang, C.-T., & Gouda, M. G. A secure cookie protocol. In *Proceedings of 14th International Conference on Computer Communications and Networks, 2005*, San Diego, California, USA (pp. 333–338). New York: IEEE.

Liu, Z., Joy, A. W., & Thompson, R. A. (2004). A dynamic trust model for mobile ad hoc networks. In *Proceedings of the 10th IEEE International Workshop on Future Trends of Distributed Computing Systems, 2004. FTDCS 2004* (pp. 80–85). New York: IEEE.

Lopez, J., Roman, R., Agudo, I., & Fernandez-Gago, C. (2010). Trust management systems for wireless sensor networks: Best practices. *Computer Communications*, 33, 1086–1093.

Lopez, J., Roman, R., & Alcaraz, C. (2009). Analysis of security threats, requirements, technologies and standards in wireless sensor networks. In *Foundations of security analysis and design V*. Berlin: Springer.

López, J., & Zhou, J. (2008). *Wireless sensor network security*. Amsterdam: IOS Press.

Lynch, C. (1999). Canonicalization: A fundamental tool to facilitate preservation and management of digital information. *D-Lib Magazine*, 5, 17–25.

Mahmood, M. A., Seah, W. K., & Welch, I. (2015). Reliability in wireless sensor networks: A survey and challenges ahead. *Computer Networks*, 79, 166–187.

Mármol, F. G., & Pérez, G. M. (2009). TRMSim-WSN, trust and reputation models simulator for wireless sensor networks. In IEEE International Conference on Communications, 2009 (pp. 1–5). ICC'09. New York: IEEE.

Mármol, F. G., & Pérez, G. M. (2010). Towards pre-standardization of trust and reputation models for distributed and heterogeneous systems. *Computer Standards & Interfaces*, 32, 185–196.

Miao, C.-Y., Dai, G.-Y., & Chen, Q.-Z. (2015). Cooperative localization and location verification in WSN. In *Human centered computing*. Berlin: Springer.

Mohammadi, S., & Jadidoleslamy, H. (2011a). A comparison of link layer attacks on wireless sensor networks. *arXiv preprint* arXiv: 1103.5589.

Mohammadi, S., & Jadidoleslamy, H. (2011b). A comparison of physical attacks on wireless sensor networks. *International Journal of Peer to Peer Networks*, 2, 24–42.

Momani, M., Aboura, K., & Challa, S. (2007a). RBATMWSN: Recursive Bayesian approach to trust management in wireless sensor networks.

Momani, M., & Challa, S. (2008). GTRSSN: Gaussian trust and reputation system for sensor networks. In *Advances in computer and information sciences and engineering*. Berlin: Springer.

Momani, M., & Challa, S. (2010). Survey of trust models in different network domains. *International Journal of Ad Hoc, Sensor & Ubiquitous Computing*, 1, 1–19.

Momani, M., Challa, S., & Aboura, K. (2007b). Modelling trust in wireless sensor networks from the sensor reliability prospective. In *Innovative algorithms and techniques in automation, industrial electronics and telecommunications*. Berlin: Springer.

Momani, M., Challa, S., & Alhmouz, R. (2008). Can we trust trusted nodes in wireless sensor networks? In *International Conference on Computer and Communication Engineering, 2008. ICCCE 2008* (pp. 1227–1232). New York: IEEE.

Naseer, A. (2012). *Reputation system based trust-enabled routing for wireless sensor networks*. INTECH Open Access Publisher.

Ngai, E.-H., & Lyu, M. R. (2004). Trust-and clustering-based authentication services in mobile ad hoc networks. In *Proceedings of 24th International Conference on Distributed Computing Systems Workshops, 2004* (pp. 582–587). New York: IEEE.

Patil, V. S., Bamnote, G. R., & Nair, S. S. (2011). Cross site scripting: An overview. In *IJCA Proceedings on International Symposium on Devices MEMS, Intelligent Systems and Communication*, (pp. 19–22), Sikkim, India.

Pereira, P. R., Grilo, A., Rocha, F., Nunes, M. S., Casaca, A., Chaudet, C., et al. (2007). End-to-end reliability in wireless sensor networks: Survey and research challenges. In *EuroFGI Workshop on IP QoS and Traffic Control* (pp. 67–74).

Pirzada, A. A., & Mcdonald, C. (2004) . Establishing trust in pure ad-hoc networks. In *Proceedings of the 27th Australasian Conference on Computer science-Volume 26, 2004* (pp. 47–54) . Australian Computer Society, Inc.

Probst, M. J., & Kasera, S. K. (2007) . Statistical trust establishment in wireless sensor networks. In *2007 International Conference on Parallel and Distributed Systems* (pp. 1–8) . New York: IEEE.

Reddy, Y., & Selmic, R. (2011) . Agent-based trust calculation in wireless sensor networks. In *SENSORCOMM 2011, The Fifth International Conference on Sensor Technologies and Applications* (pp. 334–339) .

Rehana, J. (2009) . Security of wireless sensor network. *Helsinki University of Technology, Technical report.*

Reshmi, V., & Sajitha, M. (2014) . A survey on trust management in wireless sensor networks. *International Journal of Computer Science & Engineering Technology, 5,* 104–109.

Sabeel, U., Maqbool, S., & Chandra, N. (2013) . Categorized security threats in the wireless sensor networks: Countermeasures and security management schemes. *International Journal of Computer Applications, 64,* 19–28.

Sarma, H. K. D., & Kar, A. (2006) Security threats in wireless sensor networks. In *Proceedings 2006 40th Annual IEEE International, Carnahan Conferences Security Technology* (pp. 243– 251) . New York: IEEE.

Sarma, H. K. D., & Kar, A. (2008) . Security threats in wireless sensor networks. *IEEE Aerospace and Electronic Systems Magazine, 23,* 39–45.

Sastry, A. S., Sulthana, S., & Vagdevi, S. (2013) . Security threats in wireless sensor networks in each layer. *International Journal of Advanced Networking and Applications, 4,* 1657.

Shaikh, R. A., Jameel, H., D'Auriol, B. J., Lee, H., Lee, S., & Song, Y.-J. (2009) . Group-based trust management scheme for clustered wireless sensor networks. *IEEE Transactions on Parallel and Distributed Systems, 20,* 1698–1712.

Shannon, C. (1948) . A mathematical theory of communication. *The Bell System Technical Journal, 27,* 379–423 & 623–656.

Silberman, P., & Johnson, R. (2004) . A comparison of buffer overflow prevention implementations and weaknesses. In *IDEFENSE, August.*

Singh, H., Agrawal, M., Gour, N., & Hemrajani, N. (2014) . A study on security threats and their countermeasures in sensor network routing. *Prevention, 3.*

Singh, M., Sardar, A. R., Sahoo, R. R., Majumder, K., Ray, S., & Sarkar, S. K. (2015) . Lightweight trust model for clustered WSN. In *Proceedings of the 3rd International Conference on Frontiers of Intelligent Computing: Theory and Applications (FICTA) 2014* (pp. 765–773) . Berlin: Springer.

Sorniotti, A., Gomez, L., Wrona, K., & Odorico, L. (2007) . Secure and trusted in-network data processing in wireless sensor networks: A survey. *Journal of Information Assurance and Security*, *2*, 189–199.

　　Srinivasan, A., Teitelbaum, J., & Wu, J. (2006). DRBTS: Distributed reputation-based beacon trust system. In *2nd IEEE International Symposium on Dependable*, *Autonomic and Secure Computing*, *2006*(pp. 277–283). New York: IEEE.

　　Srinivasan, A., Teitelbaum, J., Wu, J., Cardei, M., & Liang, H. (2009). Reputation-and-trust-based systems for ad hoc networks. In *Algorithms and protocols for wireless and mobile ad hoc networks*, p. 375.

　　Srivastava, S., & Johri, K. (2012). A survey on reputation and trust management in wireless sensor network. *International Journal of Scientific Research Engineering & Technology*, *1*, 139–149.

　　Sun, F., Zhao, Z., Fang, Z., Du, L., Xu, Z., & Chen, D. (2014). A review of attacks and security protocols for wireless sensor networks. *Journal of Networks*, *9*, 1103–1113.

　　Undercoffer, J., Avancha, S., Joshi, A., & Pinkston, J. (2002). Security for sensor networks. In *CADIP Research Symposium*. Citeseer(pp. 25–26).

　　Virmani, D., Soni, A., Chandel, S., & Hemrajani, M. (2014). Routing attacks in wireless sensor networks: A survey. *arXiv preprint* arXiv: 1407.3987.

　　Wang, C., Sohraby, K., Li, B., Daneshmand, M., & Hu, Y. (2006a). A survey of transport protocols for wireless sensor networks. *IEEE Network*, *20*, 34–40.

　　Wang, C., Sohraby, K., Li, B., & Tang, W. (2005). Issues of transport control protocols for wireless sensor networks. In *Proceedings of International Conference on Communications*, *Circuits and Systems*(*ICCCAS*)(pp. 422–426).

　　Wang, N., Gao, L., & Wu, C. (2014). A light-weighted data trust model in WSN. *International Journal of Grid & Distributed Computing*, *7*.

　　Wang, Y., Attebury, G., & Ramamurthy, B. (2006b). A survey of security issues in wireless sensor networks. *IEEE Communications Surveys & Tutorials*, *8*, 2–23.

　　Willig, A., & Karl, H. (2005). Data transport reliability in wireless sensor networks. A survey of issues and solutions. *Praxis der Informationsverarbeitung und Kommunikation*, *28*, 86–92.

　　Wright, S. (2010). Trust and trustworthiness. *Philosophia*, *38*, 615–627.

　　Xing, K., Srinivasan, S. S. R., Jose, M., Li, J., & Cheng, X. (2010). Attacks and countermeasures in sensor networks: A survey. In *Network security*. Berlin: Springer.

　　Yang, S.-H. (2014). *Wireless sensor networks*, *principles*, *design and applications*. London: Springer.

　　Yang, S.-H., & Cao, Y. (2008). Networked control systems and wireless sensor networks: Theories and applications.

　　Yick, J., Mukherjee, B., & Ghosal, D. (2008). Wireless sensor network survey. *Computer Networks*, *52*, 2292–2330.

Yin, J., & Madria, S. K. (2006) . SecRout: A secure routing protocol for sensor networks. In *20th International Conference on Advanced Information Networking and Applications, 2006. AINA 2006* (pp. 6) . New York: IEEE.

Yu, H., Shen, Z., Miao, C., Leung, C., & Niyato, D. (2010) . A survey of trust and reputation management systems in wireless communications. *Proceedings of the IEEE, 98,* 1755–1772.

Yu, Y., Li, K., Zhou, W., & Li, P. (2012) . Trust mechanisms in wireless sensor networks attack analysis and countermeasures. *Journal of Network and Computer Application, 35,* 867–880.

Zhan, G., Shi, W., & Deng, J. (2009) . SensorTrust: A resilient trust model for WSNs. In *Proceedings of the 7th ACM Conference on Embedded Networked Sensor Systems, 2009* (pp. 411–412) . New York: ACM.

Zhang, W., Das, S. K., & Liu, Y. (2006a) . A trust based framework for secure data aggregation in wireless sensor networks. In *2006 3rd Annual IEEE Communications Society on Sensor and Ad Hoc Communications and Networks, 2006. SECON'06* (pp. 60–69) . New York: IEEE.

Zhang, Y., Liu, W., Fang, Y., & Wu, D. (2006b) . Secure localization and authentication in ultra-wideband sensor networks. *IEEE Journal on Selected Areas in Communications, 24,* 829–835.

Zia, T., & Zomaya, A. (2006) . Security issues in wireless sensor networks. In *International Conference on Systems and Networks Communications, 2006. ICSNC'06* (pp. 40–40) . New York: IEEE.

第4章
信息物理系统的无线传感器网络安全机制

由于复杂度低和稳健性强，无线传感器网络成了信息物理系统的关键组成部分。无线传感器网络在信息物理系统中的集成为分布式控制环境带来了巨大优势。然而，信息物理系统的分层结构和无线传感器网络使信息物理系统易受内部和外部的威胁。这些威胁可能造成网络中的经济损失或结构性损失。本章对无线传感器网络和信息物理系统层对层之间的、外部的和内部的攻击进行分类。除此之外，本章还给出针对无线传感器网络和信息物理系统威胁的熟知的安全检测方法。最后，比较了无线传感器网络和信息物理系统抵御此类攻击的方法。

4.1 简介

嵌入式系统领域的进步使得低成本无线传感器网络在信息物理系统中的利用成为可能。信息物理系统是具有执行器和传感器的大型异构分布式控制系统，实现了人与机器之间的交互，机器与人之间的交互以及网络或物理世界中人与对象之间的交互（Ali et al. 2015）。为了实现这些平台之间的无线通信，信息物理系统采用无线传感器网络作为异构模块，还具有在任何环境中自主操作的能力。无线传感器网络的功能是从聚合点处的相邻节点收集数据并将其转发到基站以处理所收集的数据（Xing et al. 2010a，b）。收集的数据来自任何国内应用程序、工程应用程序，或来自监视敌人活动的任何战场。然而，由于其在无人值守环境中资源有限、性能不显著和应用程序维护不佳，无线传感器网络面临着广泛的安全问题（Han et al. 2014）。

信息物理系统被定义为一个集计算、网络、控制和物理过程于一体的系统（Stelte & Rodosek 2013；Kim & Kumar 2013）。物理和网络部分合作密切，以感知现实世界的变化，并采取必要的步骤来获得理想的结果（Lu et al. 2014）。物理过程由赛博系统监控和控制，赛博系统是类似于无线传感器网络的小型设备（Shafi 2012）。物理设备主要包括传感器和执行器，信息物理系统继承了前几代的许多安全问题，还在不断进步中产生了一系列新问题。但是，此类模型都存在威胁，本章将在以下各节中进一步讨论。

4.2　相关工作

如前几章所述，信息物理系统是一项主要从无线传感器网络发展而来的技术（Wood et al. 2009；Wan et al. 2010，2013b）。研究人员通过各种努力来确定从无线传感器网络转换为信息物理系统所需的两个领域和活动之间的相同点和不同点。吴等人分析了从无线传感器网络转向信息物理系统需要克服的挑战（2011）。在网络形成、电源管理和通信方面，该研究具有区分无线传感器网络，移动自组网和信息物理系统的独特性。除此之外，该研究还对所涉及的安全问题提供了一定的见解。夏（Xia）等人发现如今对网络物理系统安全性的关注仍旧缺乏（2011）；毛等人对无线传感器网络，信息物理系统和物联网（IoT）领域的安全问题进行了分类（2011）；林等人讨论了无线传感器网络组件对信息物理系统的重要性以及整合过程中涉及的挑战（2012）。该研究基于现有文献，提供了在信息物理系统中使用的无线传感器网络的体系结构和功能的概述。该研究并不独特，因为它没有提供任何可行的安全解决方案。万等人（Wan et al.）研究了机对机（M2M）和无线传感器网络向信息物理系统的转化（2013a）。该研究强调安全需求，但未能确定其特征、类别和对策。阿利等人（ALi et al.）研究了信息物理系统中无线传感器网络的应用，同时对其参数和信息物理系统中安全要求的各个方面进行了探讨（2015）。该研究也不独特，因为它虽然讨论了信息物理系统的要求，但却没有为此提供任何解决方案。

正如在现有文献中所体现的那样，安全问题在该技术的早期发展中并未得到足够的重视。但随着时间的推移，由于威胁和漏洞的出现，这些缺陷变得更加明显，因此人们更加重视该领域的安全问题。

4.3　安全问题

从一些研究（Wan et al.）中看，信息物理系统和无线传感器网络都属于物联网的共同保护范围（2013a）。因此，包括安全问题在内的大多数问题和关注点都是类似的。主要区别在于信息物理系统是一个结合了无线传感器网络和机对机技术的大规模系统。单个信息物理系统可以包含多个无线传感器网络的聚类簇和层次结构。阿尔卡拉兹（Alcaraz）和洛佩兹（Lopez 2015），马穆德（Mahmood）等（2015）和王（Wang）等（2006）强调无线传感器网络容易受到各种攻击。主要关注点是由于资源有限，高级安全技术的集成在低水平的内存和可用处理器中并不具有实用性。除此之外，李（Li）和龚（Gong）（2008），于（Yu）等（2012），以及洛佩兹（Lopez）等（2009）认为安全问题与机密性、完整性、真实性授权、耐久性、保密性、可用性、可扩展性，以及效率有关。在信息物理系统中，安全问题不仅来自无线传感器网络，还扩展到了执行器、决策计算和跨域通信等以及双向异构信息流。卡德尼亚斯（Cardenas）等（2008）、卢（Lu）等（2014）、沙菲（Shafi 2012）、帕尔（Pal）等（2009）、阿里（Ali）和安瓦尔（Anwar 2012）、萨基布（Saqib）等（2015）和穆罕默德·法尔汉（Muhammad Farhan 2014）均发现，与信息物理系统安全相关的主要问题是机密性、可用性、真实性、认证、完整性、可靠性、稳健性和可信赖性。萨基布（Saqib）等（2015），阿里（Ali）和安瓦尔（Anwar 2012），戈文达拉苏（Govindarasu）等（2012），阿罗（Aloul）等（2012）发现上述问题会导致各种安全威胁，如拒绝服务攻击、中间人攻击、时间同步攻击、路由攻击、病毒感染、基于网络的入侵、窃听、盗取密钥攻击、共振攻击、完整性攻击和干扰攻击。

无线传感器网络和信息物理系统之间的层间攻击的对比将在 4.4 节中讨论。

4.4　信息物理系统和无线传感器网络之间的层间攻击

信息物理系统和无线传感器网络均采用分层架构。使用分层体系结构的网络更容易受到漏洞的影响，并且可能会因前面各节中讨论的大量不同种类的攻击而导致令人难以置信的伤害和损失。本节将介绍信息物理系统和无线传感器网络的各个层次，并讨论它们用于识别攻击和提供主动或被动防御机制来防止网络攻击的检测技术。

4.4.1　物理层的外部攻击

信息物理系统和无线传感器网络的物理层容易受到不同的攻击，例如流量分析攻击、窃听、频率干扰、设备篡改、女巫攻击和基于路径的拒绝服务攻击。表4.1说明了攻击对信息物理系统和无线传感器网络物理层的影响及其检测和防御机制。邓等人将无线传感器网络中的流量分析攻击分为两类：速率监控攻击和时间相关性攻击（2004）。速率监控攻击处理节点向攻击者发送的数据包数量，时间相关性攻击处理相邻节点的发送时间之间的相关性。除此之外，研究还引入了威胁模型，用于通过不同的反流量分析技术模拟速率监控攻击，而通过引入随机虚假路径来降低时间相关性攻击的效率。邓等人介绍的技术是基于多父体路由方案（MPR）、随机游走（RW）、差分分形传播（DFP）、具有不同分叉概率的分形传播（DEFP）和强制分形传播（EFP），其独特性在于它隐藏了基站的位置，但实际上所有这些技术并未在任何传感器网络上实现（2004）。相反，阿尔卡拉兹（Alcaraz）和洛佩斯（Lopez）在SCADA网络中发现，Zigbee pro是一种更可行的流量分析攻击方法，因为它选择随机路径进行通信（2015）。

一些研究者（Jadidoleslamy 2014 & Virmani et al. 2014）提出了强加密技术，系统访问控制和高级加密作为无线传感器网络中窃听的解决方案。阿信（Shin）等人（2010）通过使用现有的无线传感器网络技术，使用一跳聚类进行SCADA应用实验。该协议的开发有助于防止伪造路由信息数据和污水池攻击。阿信（Shin）等人提出的解决方案是先前确定的入侵检测技术的实验研究，但不适用于异物网络（2010）。另一个威胁是对强无线电信号的干扰，许多研究者已对此进行了研究（Mohammadi & Jadidoleslamy 2011b；Virmani et al. 2014；Sabeel et al. 2013）。他们提出了各种对抗干扰影响的方案，包括安全加密、循环冗余（CRC）校验、降低占空比、提高广播功率、混合FHSS / DSSS、超宽带、天线极化变化以及使用定向传输。在信息物理系统中，莫（Mo）等人建议使用不同的扩频技术来预防干扰攻击（2012）。但该研究并不全面，因为它只提供了可用技术的概述，而建议的模型只能通过模拟评估重放攻击。两位作者（Mohammadi & Jadidoleslamy）研究了 P-DoS 攻击导致的网络退化和传感器节点功能损坏（2011b）。除此之外，他们还研究了 P-DoS 攻击的影响，这些影响可以通过使用网络分组数据的冗余，确认接收数据验证和受损节点灰名单来克服。阿信（Shin）等人通过查找数据包接收速率和预定的数据包到达阈值来研究防御 P-DoS 攻击信息物理系统的机制（2010）。

表 4.1　信息物理系统和无线传感器网络攻击的比较

攻击	影响	无线传感器网络		信息物理系统	
		检测方式	防御方式	检测方式	防御方式
物理层的外部攻击					
流量分析	恶化的网络性能，高包冲突，流量变更（Deng et al. 2004）	典型速率监测和时间相关攻击的统计分析（Deng et al. 2004）	多父体路由方案，随机游走，分形传播（Deng et al. 2004）	统计分析（Alcaraz 和 Lopez 2015）	基于网络通信协议 TCP 在工业无线传感器网络中进行模型基础数据流量分析（Alcaraz & Lopez 2015）
窃听：密切监视通信信道	数据隐私性降低，提取重要数据；暴露信息；二次攻击（Virmani et al. 2014；Mohammadi & Jadidoleslamy 2011b）	统计分析；不当行为检测技术（Virmani et al. 2014）	系统的访问控制，分散处理，访问限制，高级加密，漫游安全解决方案，强加密技术（Virmani et al. 2014；Mohammadi & Jadidoleslamy 2011b）	行为，行为规范，知识（Mitchell & Chen 2014）	Shin 技术（Shin et al. 2010）
干扰：通过引入相同频率的密集无线电信号引起干扰	能量过剩，扰乱通信，占用整个带宽，损坏数据包，欺骗网络的防御机制，导致资源枯竭（Mohammadi & Jadidoleslamy 2011b；Virmani et al. 2014；Sabeel et al. 2013）	统计信息，信道效用降级的阈值，背景噪声（Mohammadi & Jadidoleslamy 2011b；Virmani et al. 2014；Sabeel et al. 2013）	安全加密，循环冗余校验（CRC），降低占空比，提高广播功率，混合 FHSS/DSSS，超宽带，天线极化变化，定向传输的使用，消息优先级，黑名单（Mohammadi 和 Jadidoleslamy，2011b；Virmani et al. 2014；Sabeel et al. 2013）	统计信息	扩频技术，FHSS/DSSS，加密（Mo et al. 2012）

攻击	影响	无线传感器网络		信息物理系统	
		检测方式	防御方式	检测方式	防御方式
设备篡改：直接物理捕获传感器。攻击基站	吸引和破坏捕获的节点，利用软件不利因素克隆它，将无线传感器网络占为己有（Sabeel et al. 2013；Sun et al. 2014b；Mohammadi 和 Jadidoleslamy 2011b）	节间隔离，监测，密钥管理，不当行为检测（Sabeel et al. 2013；Sun et al. 2014b；Mohammadi & Jadidoleslamy 2011b）	硬件和软件警报，伪装传感器，限制访问，数据可靠性和隐私，节点检测（Sabeel et al. 2013；Sun et al. 2014b；Mohammadi & Jadidoleslamy 2011b）	节间隔离，监控，密钥管理，不当行为检测（Networks 2016）	主机身份协议（HIP）：一种新的信任模型（Networks 2016）
女巫攻击：通过伪造身份破坏系统	导致网络无法访问（Mohammadi & Jadidoleslamy 2011b；Sabeel et al. 2013）	低开销和信号延迟（Mohammadi & Jadidoleslamy，2011b；Sabeel et al. 2013）	节点的物理屏蔽（Mohammadi 和 Jadidoleslamy，2011b；Sabeel et al. 2013）	低开销和信号延迟（Newsome 2004）	无线电资源测试，随机密钥重新分配，注册，位置验证，代码证明（Newsome et al. 2004）
基于路径的拒绝服务：典型的混合干扰就像攻击一样	耗尽节点的电池，网络干扰，节点的欺骗性拒绝（Mohammadi 和 Jadidoleslamy 2011b）	不当行为检测（Mohammadi & Jadidoleslamy 2011b）	冗余，反攻击，承认验证，灰名单（Mohammadi 和 Jadidoleslamy 2011b）	行为，行为规范（Shin et al. 2010），了解数据包到达率，检测消息类型（Shin et al. 2010）	IDS：Shin, Cheung, Gao, Yang（Shin et al. 2010）
链路层外部攻击					
冲突	干扰，数据或控制数据包中的损坏；数据包丢弃；能源过度使用；影响成本（Sun et al. 2014b；Mohammadi & Jadidoleslamy 2011a）	不当行为检测	纠错码，时间多样性（Sun et al. 2004b；Mohammadi & Jadidoleslamy 2011a）	统计分析（Gill 2002）	纠错码（Gill 2002）
资源耗竭	资源枯竭；损害可用性（Fatema 和 Brad，2013；Mohammadi & Jadidoleslamy 2011a）	不当行为检测（Fatema & brad, 2013；Mohammadi & Jadidoleslamy 2011a）	限制介质访问控制（MAC）速率；以随机速率退避；时分多路转换（TDM）；调整链接接响应率；ID保护（Fatema & brad, 2013；Mohammadi & Jadidoleslamy 2011a）	不良行为（Gill 2002）	实时监控机制，关联事件日志，与智能电子装置（IED）中继设置相关联（Aniket 2009）速率限制（Gill 2002）

续表

攻击	影响	无线传感器网络		信息物理系统	
		检测方式	防御方式	检测方式	防御方式
流量操纵	激进的信道使用，无线传感器网络无效性，流量篡改，人为争用，信号质量恶化（Sabeel et al. 2013）	不当行为（Sabeel et al. 2013；Virmani et al. 2014）	流量分析，碰撞防御，链路层加密。调节介质访问控制请求（Sabeel et al. 2013；Virmani et al. 2014）	行为，行为规范，知识（Aniket 2009）	使用 SNMP 等网络管理协议（Aniket 2009）
窃听	提取关键数据，隐私保护减弱（Jadidoleslamy 2014）	统计分析	访问控制；分布式处理；高加密（Jadidoleslamy 2014）	行为，行为规范，知识（Shin et al. 2010）	Shin 技术（Shin et al. 2010）
模仿：禁用聚类簇头并将节点转移到错误的位置	路由表中断，禁用传感器；造成拥挤的网络；网络溢出生成欺骗性数据；资源超载；泄露加密密钥和关键信息（Jadidoleslamy 2014；Fatema 和 Brad 2013）	检测虚假身份，不当行为，欺骗性路由和冲突（Jadidoleslamy 2014；Fatema & Brad 2013）	安全认证，安全路由，安全标识，限制 MAC 速率，使用小数据包帧（Jadidoleslamy 2014；Fatema & Brad 2013）	虚假身份；不检测行为；欺骗性路由和冲突（Taylor 2014）	使用对称密钥，一种提供前向和后向密钥保密的密钥系统（Taylor 2014）
虫洞攻击	虚假路由；过度使用的路由竞争条件；网络拓扑的变化；路径检测协议崩溃；数据包毁坏（Kaur & Singh 2014；Jadidoleslamy 2014）	检测虚假路由信息；使用数据包限制技术（Kaur & Singh 2014；Jadidoleslamy 2014）	多维标度算法，DAWWSEN 协议，边界控制协议，图形定位系统；超声波，全球时钟同步。链路层认证加密。全局共享密钥（Kaur & Singh 2014；Jadidoleslamy 2014）		用于信息物理系统的虫洞攻击和防御机制的 Gianluca 模型（Dini & Tiloca 2014）
不公	效率降低；降低对频道访问的需求；限制信道访问能力（Mohammadi & Jadidoleslamy 2011a；Jadidoleslamy 2014）	不当行为（Jadidoleslamy 2014）	小帧使用（Jadidoleslamy 2014）	统计分析（Gill 2002）	小帧使用（Gill 2002）

攻击	影响	无线传感器网络		信息物理系统	
		检测方式	防御方式	检测方式	防御方式
同步破坏	干扰通信；使资源流失（Jadidoleslamy 2014；Mohammadi & Jadidoleslamy，2011a；Sabeel et al. 2013）	断开的连接（Jadidoleslamy，2014；Mohammadi 和 Jadidoleslamy，2011a；Sabeel et al. 2013）	强大的认证机制；时间同步（Jadidoleslamy，2014；Mohammadi & Jadidoleslamy，2011a；Sabeel et al. 2013）	破坏节点之间的连接（Gill 2002）	强认证（Gill 2002）
拒绝服务攻击	在访问本地网络时干扰主机（Jadidoleslamy，2014；Mohammadi & Jadidoleslamy 2011a）	破坏网络链接（Jadidoleslamy，2014；Mohammadi & Jadidoleslamy 2011a）	上述所有	行为，行为规范，知识（Aniket 2009）	数据采集与监视控制系统（SCADA）安全设备（SSD），便于与主设备进行加密和认证通信（Aniket 2009）
链路层内部攻击					
确认欺骗	伪造数据，丢包，控制循环并调整其长度，广播错误消息，修改和回放跟踪数据（Mohammadi & Jadidoleslamy，2011a；Jadidoleslamy 2014）	不当行为	使用新路由，验证，加密链路层和全局共享密钥技术（Mohammadi & Jadidoleslamy 2011a；Jadidoleslamy 2014；Singh et al. 2014）	基于时间接收数据的行为（Park et al. 2010）	入侵侦测系统（IDS），身份验证，加强密钥核对程序（Alcaraz & Lopez 2015）
网络层外部攻击					
窃听	关键数据提取，暴露隐私（Jadidoleslamy 2014）	静态方法（Jadidoleslamy 2014）	访问控制；分布式处理；强加密（Jadidoleslamy 2014；Kaur & Singh 2014）	行为，行为规范，知识（Da Silva et al. 2015）	机制使用 SDN 提供的设施来帮助数据采集与监视控制系统（SCADA）网络通过将流量分散到多条路径来防止未经授权的流量拦截（Da Silva et al. 2015）

续表

攻击	影响	无线传感器网络		信息物理系统	
		检测方式	防御方式	检测方式	防御方式
节点破坏	失信，无线传感器网络减弱；资源过度开发（Kaur & Singh 2014）	感染传感器未确认（Kaur & Singh 2014）	伪装传感器；适当的协议；访问限制，数据隐私性（Kaur 和 Singh 2014）	物理异常（Mcevoy & Wolthusen 2011）	IP 追溯协议用于观察数据包行为以定位和计算颠覆节点（Mcevoy & Wolthusen 2011）
泛洪	资源耗尽；无线传感器网络流量降级（Sun et al. 2014b；Virmani et al. 2014）	整个网络速度减慢（Sun et al. 2014b；Virmani et al. 2014）	双向认证（Sun et al. 2009b；Virmani et al. 2014）	格式化消息（Lopez 2012）	利用加密机制在通信信道中引入延迟，签名/验证，密钥管理，TCP/IP 对策（Lopez 2012）
网络欺骗	网络分裂，资源过度使用，网络寿命减少，路由数据流失（Sun et al. 2004b；Virmani et al. 2014）	安全地址解析协议（ARP）；基于内核的补丁，被动静态介质访问控制（MAC）（Sun et al. 2004b；Virmani et al. 2014）	使用不同路径重新发送消息的介质访问控制（MAC）进行加密（Sun et al. 2004b；Virmani et al. 2014）	行为，行为规范，知识（Zhang et al. 2013b）	IDS；Premaratne 技术（Premaratne et al. 2010），跨层机制（Zhang et al. 2013b）
虫洞	导致路由错误；过度使用路由竞争条件；使网络拓扑发生改变；路径检测协议崩溃；数据包遭到破坏（Sun et al. 2014b；Virmani et al. 2014）	虚假路由信息，数据包限制（Sun et al. 2009b；Virmani et al. 2014）	多维标度算法，DAWWSEN 协议，BCP，GPS，超声波，全球时钟，定向天线，全局共享密钥（Sun et al. 2014b；Virmani et al. 2014）	格式化信息（Kim 2012）	可通过使用特定阈值建立恶意节点的隔离策略来缓解这些攻击（Alcaraz & Lopez 2015）
拒绝服务攻击	以超出其处理能力的数据量攻击目标网络（Sun et al. 2014b；Virmani et al. 2014）	虚假路由信息，数据包限制（Sun et al. 2014b；Virmani et al. 2014）	多维标度算法，DAWWSEN 协议，BCP，GPS，超声波，全球时钟，定向天线，全局共享密钥（Sun et al. 2014b；Virmani et al. 2014）	行为，行为规范，知识（Kang 2014）	IndusCAP-Gate 系统，自动生成白名单以进行流量分析，并根据白名单执行多重过滤，以阻止来自外部网络未经授权的访问（Kang et al. 2014b）

攻击	影响	无线传感器网络		信息物理系统	
		检测方式	防御方式	检测方式	防御方式
网络层的内部攻击					
误导	破坏路由表, 过度使用资源 (Sun et al. 2014b)	预测延迟和吞吐量 (Sun et al. 2014b)	分层路由机制 (Sun et al. 2014b)	格式化信息 (Vuković et al. 2011)	使用用于量化潜在攻击的安全指标 (Vuković et al. 2011)
急速攻击	舍弃真正的要求无法发现任何有用的路线 (Singh et al. 2014)	无法发现超过两跳的路由 (Singh et al. 2014)	急速攻击防御法 (RAP) (Singh et al. 2014)	格式化信息 (Vuković et al. 2011)	使用一种名为 McCLS 的高效无证书签名方案, 此方案基于随机预言模型中的双线性 Diffie-Hellman 假设 (Xu et al. 2008)
节点攻击	猛烈攻击重要资源; 提取关键网络信息; 威胁数据隐私 (Singh et al. 2014)	统计方法 (Singh et al. 2014)	加密 (Singh et al. 2014)	格式化信息 (Mahan et al. 2011)	应创建防火墙规则或访问控制规则, 以专门允许来自设备历史数据库的流量通过指定端口与数据采集与监视控制系统 (SCADA) 或控制系统进行交换 (Mahan et al. 2011)
选择性转发	网络干扰与未来攻击 (Singh et al. 2014; Yu et al. 2012)	统计方法 (Singh et al. 2014; Yu et al. 2012)	具有源路由的网络监控 (Singh et al. 2014; Yu et al. 2012)	格式化信息 (Alcaraz & Lopez 2015)	由于假设该集合没有任何受损节点, 可通过动态选择下一跳来缓解攻击 (Alcaraz & Lopez 2015)
女巫攻击	导致网络在数据完整性和可访问性方面无效 (Yu et al. 2012; Kaur & Singh 2014)	通过匹配信任等级规则来忽略不信任的节点, 伪造相应的节点以提高其信誉 (Yu et al. 2012)	建立节点的物理屏蔽 (Yu et al. 2012; Kaur and Singh 2014)	维持低开销和信号延迟 (P2DAP) (Alcaraz & Lopez 2015)	增强密钥核定程序验证节点的身份 (Alcaraz & Lopez 2015)

攻击	影响	无线传感器网络		信息物理系统	
		检测方式	防御方式	检测方式	防御方式
黑洞攻击	抑制虚假最短路径上的广播，其中集线器为数据包的黑洞，以破坏具有高丢包率的网络路由表	通过匹配信任等级规则来忽略不信任的节点（Yu et al. 2012）	监控，多路径路由，分散式 IDS，传感器网络自动入侵检测系统（SNAIDS）	流量损失（Xu et al. 2008）	名为 McCLS，基于随机预言模型中双线性 Diffie-Hellman 假设的高效无证书签名方案（Xu et al. 2008）
网络欺骗	网络分裂，资源超支，网络寿命减少，路由数据流失（Singh et al. 2014；Kaur & Singh 2014）	安全地址解析协议（ARP）协议，基于内核的补丁（Singh et al. 2014；Kaur & Singh 2014）	加密，使用介质访问控制（MAC）多路径消息重新发送身份验证（Singh et al. 2014；Kaur & Singh 2014）	行为，行为规范，知识（Yang 2014）	数据采集与监视控制系统（SCADA）特定的 IDS 用于识别外部恶意攻击和内部无意识攻击；滥用，访问控制白名单，基于协议的白名单和基于行为的规则（Yang 2014）
确认欺骗	选择性转发攻击，数据包欺诈（Singh et al. 2014；Kaur & Singh 2014）	使用基于内核的补丁的安全地址解析协议（ARP）协议被动地进行检测（Singh et al. 2014；Kaur & Singh 2014）	监视软件地址解析协议（ARP），MAC-ARP 报头，流量过滤器，欺骗检测器，欺骗报警器（Singh et al. 2014；Kaur & Singh 2014）	行为，行为规范，知识（Zhang et al. 2013b）	智能电网中防止欺骗的跨层防御机制（Zhang et al. 2013b）
Hello 泛洪	使用来自附近的错误 Hello 数据包泛洪（Virmani et al. 2014）	双向链路（Virmani et al. 2014）	用户难题（Virmani et al. 2014）	主动反应干扰（Kim2012；Da Silva et al. 2015）	应给控制设备提供速率限制命令以防数据泛滥（Kim 2012）
连续封包攻击	使被入侵计算机完全陷入瘫痪（Virmani et al. 2014 Singh et al. 2014）	网络链接充斥着无用的数据（Virmani et al. 2014，Singh et al. 2014）	使攻击者的节点进入休眠状态；在网络路由上禁用 IP 广播（Virmani et al. 2014；Singh et al. 2014）	主动反应干扰（Kang et al. 2014b）	IP 包过滤，网络入侵检测（Kang et al. 2014b）

攻击	影响	无线传感器网络		信息物理系统	
		检测方式	防御方式	检测方式	防御方式
泛洪攻击	耗尽资源；可用性降低；无线传感器网络流量降级（Singh et al. 2014）	整个网络速度变慢（Virmani et al. 2014）	双向认证（Virmani et al. 2014）	主动反应干扰（Kang et al. 2014b）	IP包过滤，网络入侵检测（Kang et al. 2014b）
灰洞攻击	未检测到网络中断（Singh et al. 2014；Virmani et al. 2014）	检查时间计算b/w RREQ 和邻居动态路由的RNPS（Singh et al. 2014；Virmani et al. 2014）	基于多路径路由检查点的方案，多跳确认方案（Singh et al. 2014；Virmani et al. 2014）	选择性地丢弃数据包而不是所有数据包。行为规范（Barbosa & Pras 2010）	IDS: barbosa 技术（Barbosa 和 Pras 2010）
无端迂回	限制资源循环，不稳定路线，网络突破，误导（Jadidoleslamy 2014）	网络性能恶化（Jadidoleslamy 2014）	成对认证，网络层认证，中央证书授权，采用验证技术（Jadidoleslamy 2014）	主动反应干扰（Vijayalakshmi & Rabara 2011）	删减方法为主；两个列表中的节点周期性地互动以删除不存在的节点（S. Vijayalakshmi 和 Rabara 2011）
传输层的外部攻击					
泛洪攻击	资源耗尽；可用性降低；无线传感器网络的流量降级（Singh et al. 2014）	整个网络速度变慢（Virmani et al. 2014）	身份验证协议；双向认证；路由错误（RERR）信息（Fatema & Brad 2013）	主动反应干扰（Jin et al. 2011）	利用基于加密的解决方案建立强认证，利用基于谜题的识别技术，使用DNP3安全认证及DNP安全认证（Jin et al. 2011）
同步破坏	破坏性网络，离开SYNC，资源崩溃（Sun et al. 2014b）	性能延迟和扭曲（Sun et al. 2014b）	双重路径检查（Sun et al. 2014b）	测量失真（Vijayalakshmi & Rabara 2011）	通过PMU测量观察到的局部区域的线性状态估计（Kolosok et al. 2015）
应用层的内部攻击					
不可否认攻击	发起选择性转发攻击，数据包欺诈（Sun et al. 2009b）	存在虚假，欺骗性的日志文件（Sun et al. 2014b）	传感器节点标识；检测机制（Sun et al. 2014b）	存在虚假，欺骗性的日志文件（Pidikiti et al. 2013）	通过使用运营商身份验证来根除。每个都拥有独特的身份验证凭证（Pidikiti et al. 2013）

续表

攻击	影响	无线传感器网络		信息物理系统	
		检测方式	防御方式	检测方式	防御方式
数据聚合失真	环境监控不正确数据聚合中断跨层攻击（Ozdemir & Xiao 2008）	性能延迟和扭曲（Ozdemir & Xiao 2008）	双向认证（Ozdemir & Xiao 2008）	性能延迟和扭曲；行为＋知识（Shin et al. 2010）	可以使用分层两级聚类方法在安全性和效率之间寻求平衡（Shin et al. 2010）
SQL 注入	修改数据库，管理操作，发给 O.S 命令（Rietta 2006）	Alien vault 统一安全管理平台网络 IDS，主机 IDS（Rietta 2006）	基于异常处理的数据库入侵检测系统，签名匹配或使用"蜜罐"（定制的应用程序）（Rietta 2006）	Alien vault 统一安全管理平台网络 IDS，主机 IDS（Rietta 2006）	基于异常处理的数据库入侵检测系统；签名匹配或使用"蜜罐"（定制的应用程序）（Rietta 2006）
软件篡改	误用二进制补丁代码替换（A S Sastry et al. 2013；Xing et al. 2010ab）	软件检查（Sastry et al. 2013；Xing et al. 2010a, b）	防篡改软件，恶意软件扫描程序和防病毒应用程序（Sastry et al. 2013；Xing et al. 2010a, b）	行为，行为规范，知识（Kim 2012）	实施强大的加密机制；简单的恶意代码检测，隔离（Kim 2012）
字典攻击	点击加密的消息或文档（Wang & Wang 2013）	密码试用失败（Wang 和 Wang, 2013）	限制尝试次数，在登录失败后保护账户（Wang & Wang 2013）	格式化信息（Bartman 2015）	强密码策略，账户锁定（Bartman 2015）
插件回放	网络伪装（Liu et al. 2015）	回放导致的数据冲突，通过不可信媒介传播的消息；伪装（Liu et al. 2015）	同步处理，会话标识，时间戳，一次性密码伪装（Liu et al. 2015）	行为，行为规范（Pidikiti et al. 2013）	数据传输协议中的时间戳技术（Pidikiti et al. 2013）

4.4.2　链路层的外部和内部攻击

　　类似地，信息物理系统和无线传感器网络的数据链路层也暴露于各种外部和内部攻击下，例如冲突、资源耗竭、流量操控、窃听、模仿、虫洞、不公、同步破坏和拒绝服务等攻击。孙（Sun）等人回顾了无线传感器协议的攻击和安全协议，并提供了无线传感器网络的基本知识和安全要求（2014a）。该研究表明，可以通过发送同一信号的多个版本来控制数据包的干扰和破坏，这些信号在不同的时刻（时间分集）发送，并分别带有纠错码（Sun et al. 2014a）。同样，吉尔（Gill）也建议在信息物理系统中使用纠错码来处理损坏的数据（2002）。该研究提供了网络嵌入式系统中安全方面的理论概述。穆罕默迪（Mohammadi）和贾迪多勒斯拉米（Jadidoleslamy）（2011a）以及法特玛（Fatema）和布拉德（Brad 2013）研究了由于数据的重复冲突导致的传感器节点的不当行为，可以通过多种技术来控制由于重复冲突而耗尽的节点，这些技术包括数据速率的约束或限制，调制技术向时分多路复用的更改以及传感器网络中节点的身份保护（Fatema & Brad 2013）。该研究的结构旨在提供对策，但由于所提供的措施尚未在任何试验台上实施或测试，因此存在一些局限性。阿尼克特（Aniket）证实了与事件日志相关的实时监控机制有助于纠正因资源耗尽而引起的复杂情况（2009）。该研究的结果值得肯定，因为它包括了信息物理系统设备安全的设计和实施。作者还研究了无线传感器网络数据链路层中模仿攻击的影响，并利用小包帧的屏蔽路由方法来对抗网络上欺骗性数据的问题。泰勒（Taylor）等人在其模型中利用对称密钥进行往来通信（2014）。建议的模型与现有的监督控制与数据采集网络兼容，可以部分或全部集成到任何监督控制与数据采集网络中。穆罕默迪（Mohammadi）和贾迪多勒斯拉米（Jadidoleslamy 2011a）研究了多维 DAWWSEN 协议，以对抗无线传感器网络中的虫洞攻击。迪尼（Dini）和蒂洛卡（Tiloca 2014）研究了一个框架，以对抗信息物理系统中虫洞的攻击。该框架已经过模拟测试，以确定反防御机制的攻击强度和等级。而穆罕默迪（Mohammadi）和贾迪多勒斯拉米（Jadidoleslamy 2011a）研究了数据链路层的强认证和时间同步机制，可用作拒绝服务和同步破坏攻击的防御机制。吉尔（Gill 2002）发现了可以通过强认证来抵消的同步破坏攻击。尽管数据链路层也容易受到内部确认欺骗攻击，但阿尼克特（Aniket 2009）开发了一种监督控制与数据采集安全设备，以促进信息物理系统中的加密和真实通信。这一点在下面的研究中很明显（Mohammadi & Jadidoleslamy 2011a；Singh et al. 2014），该研究确定利用具有全局共享密钥的加密链路层有助于对抗确认欺骗的影响。阿尔卡拉斯（Alcaraz）和洛佩兹（Lopez）研究了通过节点身份验证的密钥核对过程可以加强确认欺骗（2015）。考尔（Kaur）和辛格（Singh）研究了对数据的拒绝服务攻击，这种攻击可以通过定期更换密钥的节点的物理屏蔽来对抗（2014）。

4.4.3　网络层的外部攻击

信息物理系统和无线传感器网络的网络层也容易受到各种外部攻击，例如窃听、节点破坏、泛洪攻击、网络欺骗、虫洞和拒绝服务攻击。贾迪多勒斯拉米（Jadidoleslamy 2014）和考尔（Kaur）及辛格（Singh 2014）指出，强大的加密技术和分布式处理性质可以解决无线传感器网络中的隐私问题。达西尔瓦等人确定可以通过在多个路径上分散流量来获得数据的隐私（2015）。这项工作基于实验研究，将现有的智能电网模型，包括反窃听机制等纳入考量，以保护信息物理系统中的私人数据。考尔和辛格给出了无线传感器网络中节点破坏攻击的解决方案（2014）。该研究表明，适当的协议、数据隐私和节点上的受限访问可以用作节点破坏攻击的保护措施。麦加和沃尔图森提出了一种协议，可用于观察数据包行为并对抗颠覆节点（2011）。该研究还提出了一种概率模型，该模型在击败基于节点的攻击方面具有成本效益。该模型进行数学评估，可以作为一个低计算成本模型的重要方法。孙等人研究了由于无线传感器网络中的泛洪导致的资源耗尽，表明其不利影响是使整个网络变慢（2014a）。孙等人（2014a）确定了一种基于数据包双向认证的机制，它对于应对不利的网络减速至关重要。而哈维尔·洛佩兹和沃尔图森指出，利用加密技术、密钥管理技术和信息物理系统通信信道的延迟可以应对泛洪攻击的不利影响（2012）。维尔马尼等人则提出安全地址解析协议（ARP）和被动静态媒介访问控制（MAC）可以控制无线传感器网络的网络层中的网络欺骗（2014）。张等人认为跨层机制是对抗信息物理系统中网络欺骗的更好方法，具有安全协议的 McCLS 方案，并在基于 QualNet 的软件上与没有任何保护机制的 AOPV 路由协议进行了比较。孙等人研究了一个多维标准算法以及全局共享密钥，以对抗虫洞的影响（2014a）。阿尔卡拉斯和洛佩兹研究了虫洞攻击可以通过恶意节点的隔离策略来应对（2015）。该研究提供了对 Zigbee PRO、WirelessHART 和 ISA100.11a 的分析，同时考虑了这些安全标准中的安全漏洞、威胁和可用的安全措施。该研究还为防御针对关键信息物理系统的攻击提供了详细的安全指南。康等人研究了应用层攻击和网络层攻击，并提出了一种在从外部网络访问时阻止恶意活动的 Indus CAP-Gate 系统（2014a）。这种入侵检测 / 预防系统需要定期更新其签名，以便兼容，但由于监督控制与数据采集中对外部网络的访问受限，系统将容易受到外部威胁。因此，研究人员需要用安全方案来解决这个问题，以增强网络层的监督控制与数据采集安全性。

4.4.4 网络层的内部攻击

无线传感器网络和信息物理系统的网络层也容易受到各种攻击，例如误导、急速攻击、节点攻击、选择性转发、女巫攻击、污水池攻击、黑洞攻击、网络欺骗、确认欺骗、Hello 泛洪、连续封包、泛洪攻击、灰洞攻击、无端迁回。表 4.1 说明了攻击对信息物理系统和无线传感器网络网络层的影响及其检测和防御机制。孙等人确定出口过滤、认证、分层监控机制可以解决信息物理系统中的误导攻击（2014a）。伏科维奇等人研究了安全指标来量化误导攻击（2011）。该研究提供了分析单路径路由攻击和多路径路由攻击的有效算法及数值解。结果证明，如果攻击成本增加（$\Gamma_m=2$，$\Gamma_m=3$），则攻击强度降低 50%（Vukovic et al. 2011）。数学模型通过数值分析进行了测试和验证，但尚未实际进行应用。辛格等人研究了网络的急速攻击、节点攻击、选择性转发，并针对上述攻击提供了攻击防范技术、加密和网络监控等对策（2014）。该研究概述了应对网络安全攻击对无线传感器网络层影响的不同技术，但没有涉及信息物理系统。徐等提供了一种证书减少签名方案来对抗无线传感器网络网络层上的内部攻击（2008）。该研究提供了其他 CLS 方案的理论分析，但尚未对 McCLS 方案指定的相同参数进行评估。马汉指定了一种访问控制规则来抵消节点攻击对监督控制与数据采集网络的影响（2011）。该研究基于为美国能源部提出的技术建议，研究的重点是能源生产领域中监督控制与数据采集系统安装的安全和技术指南。阿尔卡拉兹和洛佩兹认为，通过从未受损害的节点中动态选择节点，可以缓解选择性转发攻击（2015）。Yu 等人研究了无线传感器网络中的女巫攻击和污水池攻击，确定了一种基于信任的机制，以对抗这些攻击对无线传感器网络的影响（2012）。该研究表明，攻击可以通过信任缓解或攻击可能违反信任 / 信誉系统本身。该研究提供了针对攻击和对策的可用信任机制的详细概述。从方法创新性方面来看，该研究并不具有独特性。阿尔卡拉兹和洛佩兹研究发现，在信息物理系统中，污水池攻击和女巫攻击可以分别通过对恶意节点采取隔离策略和加强密钥协商过程来缓解（2015）。该研究提供了可用于高强度网络安全方案的综述，但在提出任何新的安全机制方面缺乏独特性。杨等人（2014）发现，信息物理系统中的网络欺骗可以通过基于协议的白名单或基于行为的白名单来保护。该研究提出了一种特定的监督控制与数据采集入侵检测机制，可以根据可以区分受损节点的恶意活动的协议来识别外部和内部的攻击。该研究的特点是，已在监督控制与数据采集专用试验台上进行了模拟。考尔和辛格认为，可以通过嗅探 ARP MAC、ARP 报头欺骗检测器或欺骗过滤器来控制确认欺骗（2014）。张等人（2013a）确定了一种跨层防御机制，以对抗智能电网系统中的网络欺骗。该研究提出了一种跨层防御机制，其独特性在于为信息物理系统安全的安全性提供了新途径，同时系统也被模拟用于对抗信息物理系统的大量攻击。维尔马尼等研究了一种身份验证协议，作为无线传感器网络网络层应对 Hello 泛洪攻击的防御措施之一（2014）。金姆认为，通过控制设备在信息物理系统中使用速率限制命令，可以在遇到 Hello 泛洪攻击时解决设备的数据限制和泛洪问题（2012）。该研究没有硬件成果，讨论了可用于 6LoWPAN 的安全机制以及用于信息物理系统的高级加密方案的 IP 安全性。这项工作没有独特性，因为它只是讨论可用的安全机制。维尔马尼等研究了无线传感器网络中的连续封包攻击、泛洪攻击和灰洞攻击，并将在网络路由器上停用 IP 广播，双向认证和多跳确认方案作为在无线传感器网络网络层中对抗上述攻击的相应机制（2014）。该研究基于有关无线传感器网络各种攻击的已有文献，并在任何平台上的任何模拟测试攻击方面都没有独特性。康等将 IP 过滤和入侵检测技术确定为一种可行的方法来应对信息物理系统中的泛洪攻击（2014a）。该研究的一个特点是针对不同的网络层和应用层协议攻击开发和研究工业入侵检测系统。巴尔博萨和普拉斯开发了一种基于行为的入侵检测系统，用于智能信息物理系统中的异常检测（2010）。该研究具有硬件成果，并应用于监督控制与数据采集网络中，针对现实世界中信息物理系统威胁的脆弱性进行评估。贾迪多勒斯拉米提出在无线传感器网络中使用中央证书授权、配对认证与网络层认证，可以对抗无端迂回（攻击）的影响（2014）。该研究综述了攻击及其防御对无线传感器网络的影响。该研究从不同维度详细讨论了无线传感器网络安全，这一特点使其与该领域的其他研究不同。维贾亚拉克什米和拉纳拉提供了一种优化的删减方法，这种方法是对付无端迂回对信息物理系统影响最可行的方法（2011）。该方法遵循信号交换机制以在周期性更新的列表上删减网络上不存在的节点。

4.4.5　传输层的外部攻击

无线传感器网络和信息物理系统的传输层也容易受到攻击。表 4.1 说明了外部攻击对信息物理系统和无线传感器网络传输的影响及其检测和防御机制。

法特码和布拉德发现，由于泛洪攻击导致的节点耗尽可以通过具有加密回声机制的链路双向认证来应对（2013）。金等研究了信息物理系统中基于事件的泛洪攻击（2011）。该研究分析了 DNP-3 协议监督控制与数据采集的泛洪攻击及其对策，建议使用基于加密的解决方案进行 DNP-3 协议中交换分组数据的认证。除此之外，该研究还推荐了基于拼图的识别技术和 DNP 安全认证机制，以便在监督控制与数据采集系统中进行授权。孙等简要研究了无线传感器网络传输层中的同步破坏攻击（2014a）。他们提出通过层之间的认证过程，可以对抗攻击影响。该研究分析了对无线传感器网络各层的攻击，并为此提出了一些对策。科洛索斯等研究了线性状态估计算法，以对抗信息物理系统中的同步破坏效应（2015）。该研究的结果基于功率的监督控制与数据采集网络的仿真。该研究的独特性在于为基于功率的监督控制与数据采集网络中 PMU 测量的状态估计方法提供了一条新的途径。

4.4.6　应用层的内部攻击

然而，信息物理系统和无线传感器网络的应用层也容易受到一些内部攻击，例如不可否认攻击、数据聚合失真、SQL 注入、软件篡改、字典攻击和插件回放。表 4.1 说明了内部攻击对信息物理系统和无线传感器网络应用层的影响及其检测和防御机制。孙等将不可否认攻击视为自私攻击，因为在此攻击中节点拒绝与其他节点一起合作（2014a）。他们提出了传感器节点识别的一种适当的检测机制，这是解决无线传感器网络中不可否认性影响的可行解决方案（2014a）。皮地基提等确定了一种独特的方法，由授权的运营商可以消除由于不可否认而导致的受损节点（2013）。除了讨论监督控制与数据采集中的安全机制，该研究还提出了一种 IEC 60870-5-104 协议的实验模型，这一模型具有安全加固器，实际上是用于在监督控制与数据采集应用层实现安全机制的单板计算机。奥德默和肖提供了一种双向认证方案，以防止无线传感器网络数据聚合失真（2008）。而阿信等人则采用两级分层方法来应对数据聚合失真。其研究的优势基于对结果的数值分析，在硬件上无法实现的方面缺点很少。理爱达通过基于异常、签名或蜜罐的数据库入侵检测系统来对抗 SQL 注入影响的方法（2006）。该研究的独特之处在于，所采用的机制已通过静态分析和动态监测模型得到了检验。在静态分析中，IDS 自动构建查询，而在动态部分中，查询的运行时监控是可能的，并且可以与统计学上的构建模型进行对比。除此之外，还利用一种防御机制来创建一组随机指令，以构建攻击者不熟悉的事件。邢等（2010a，b）和萨斯特尔等（2013）发现可以通过恶意软件扫描程序和防病毒应用程序来应对软件篡改。凯姆强调了一种强大的加密机制，可以对抗软件篡改（2012）。王等人研究了通过在应用层上限制用户账户的尝试次数，可以解决无线传感器网络遇到的问题（2013）。巴特曼强调了强密码策略和账户锁定程序，以防止系统受到字典攻击（2015）。这项工作介绍了用于保护关键工业系统的网络攻击缓解技术，以及保护系统免受网络攻击的入侵检测技术。该文章未提供能证明其可行性的模拟结果及实施具体数据。刘等强调利用同步会话令牌和时间戳技术来对抗无线传感器网络应用层中的插件重放攻击（2015）。皮地基提等还建议在信息物理系统的数据传输协议中使用时间戳技术（2013）。该研究提供了一种硬件成果来抵消信息物理系统中插件重放的影响。除此之外，研究还引入了有 AES（128 位）算法的认证安全模型来增强模型的可行性。

4.5　结论

本章整合了信息物理系统和无线传感器网络中现存的威胁及其可用的防御机制。信息物理系统和无线系统具有一些极具潜力的应用，这些应用极具战略性，需要适当的安全防御机制来应对。无线传感器网络和信息物理系统的分层结构、无线和共享的通信特性使其更容易受到入侵者的攻击。该研究提供了可用于无线传感器网络和信息物理系统的安全机制的逐层分析。此外，研究的重点是比较信息物理系统和无线传感器网络现有的防御机制。除此之外，还提出了一个按网络层级分类的表单（表 4.1），该表总结了攻击的性质及其对应的防御机制。

参考文献

Alcaraz, C., & Lopez, J.（2015）. A security analysis for wireless sensor mesh networks in highly critical systems. *IEEE Transactions on Systems, Man, and Cybernetics.*

Ali, S., & Anwar, R. W.（2012）. Trust based secure cyber physical systems. In *Workshop Proceedings: Trustworthy Cyber-Physical Systems, Newcastle University: Computing Science, 2012.*

Ali, S., Qaisar, S. B., Saeed, H., Khan, M. F., Naeem, M., & Anpalagan, A.（2015）.

Network challenges for cyber physical systems with tiny wireless devices: A case study on reliable pipeline condition monitoring. *Sensors*, *15*, 7172–7205.

Aloul, F., Al-Ali, A., Al-Dalky, R., Al-Mardini, M., & El-Hajj, W. (2012). Smart grid security: *Threats, vulnerabilities and solutions. International Journal of Smart Grid and Clean Energy*, *1*, 1–6.

Aniket, R. (2009). *SCADA security device; Design and implementation*. MS Masters, Wichita university.

Barbosa, R. R. R., & Pras, A. (2010). Intrusion detection in SCADA networks. In *Proceedings of the Mechanisms for Autonomous Management of Networks and Services, and 4th International Conference on Autonomous infrastructure, Management and Security* (pp. 163–166). Berlin.

Bartman, T. (2015). How to secure your SCADA system. *The Journal*. Rockwell Automation.

Cardenas, A. A., Amin, S., & Sastry, S. (2008). Secure control towards survivable cyber-physical systems. In *Distributed Computing Systems Workshops, 2008. ICDCS '08. 28th International Conference on*. Beijing: IEEE.

Da Silva, E. G., Knob, L. A. D., Wickboldt, J. A., Gaspary, L. P., Granville, L. Z., & Schaeffer-Filho, A. (2015). Capitalizing on SDN-based SCADA systems: An anti-eavesdropping case-study. In *IFIP/IEEE International Symposium on Integrated Network Management* (*IM*). Ottawa, Canada: IEEE.

Deng, J., Richard, H., & Mishra, S. (2004). Countermeasures against traffic analysis attacks in wireless sensor networks CU-CS-987-04. *Computer Science Technical Report*.

Dini, G., & Tiloca, M. (2014). A simulation tool for evaluating attack impact in cyber physical systems. In *Modelling and simulation for autonomous systems*. Springer.

Fatema, N., & Brad, R. (2013). Attacks and counter attacks on wireless sensor networks. *International Journal of Ad Hoc, Sensor & Ubiquitous Computing* (*IJASUC*), *4*.

Gill, D. H. (2002). *New vista in CIP researh and development: Secure network embedded systems*. Leesburg, VA: NSF/OSTP.

Govindarasu, M., Hann, A., & Sauer, P. (2012). Cyber-physical systems security for smart grid. In *The future grid to enable sustainable energy systems*. PSERC Publication.

Han, G., Jiang, J., Shu, L., Niu, J., & Chao, H.-C. (2014). Management and applications of trust in wireless sensor networks: A survey. *Journal of Computer and System Sciences*, *80*, 602–617.

Jadidoleslamy, H. (2014). A comprehensive comparison of attacks in wireless sensor networks. *International Journal of Computer Communications and Networks* (*IJCCN*), *4*.

Javier Lopez, R. S., & Wolthusen, S. D. (2012). *Critical infrastructure protection*.

Jin, D., Nicol, D. M., & Yan, G. (2011). An event buffer flooding attack in DNP3 controlled SCADA system. In *Winter Simulation Conference, 2011* (pp. 2614–2626). Phoenix, AZ.

Kang, D.-H., Kim, B.-K., & Na, J.-C. (2014a). Cyber threats and defence approaches in SCADA systems. In *16th International Conference on Advanced Communication Technology*. Pyeongchang: IEEE.

Kang, D., Kim, B., Na, J., & Jhang, K. (2014b). Whitelists based multiple filtering techniques in SCADA sensor networks. *Journal of Applied Mathematics*.

Kaur, D., & Singh, P. (2014). Various OSI layer attacks and countermeasure to enhance the performance of WSNs during wormhole attack.

Kim, H. (2012). Security and vulnerability of SCADA systems over IP-based wireless sensor networks. *International Journal of Distributed Sensor Networks*, *2012*.

Kim, K.-D., & Kumar, P. (2013). An overview and some challenges in cyber-physical systems. *Journal of the Indian Institute of Science*, *93*, 341–352.

Kolosok, I., Korkina, E., & Gurina, L. (2015). Vulnerability analysis of the state estimation problem under cyber attacks on WAMS. In *International Conference on Problems of Critical Infrastructures*. Saint Petersburg.

Li, Z., & Gong, G. (2008). Survey on security in wireless sensor. *Special English Edition of Journal of KIISC*, *18*, 233–248.

Lin, C.-Y., Zeadally, S., Chen, T.-S., & Chang, C.-Y. (2012). Enabling cyber physical systems with wireless sensor networking technologies. *International Journal of Distributed Sensor Networks*, *2012*.

Liu, A. X., Kovacs, J. M., Huang, C. T., & Gouda, M. G. (2015). A secure cookie protocol. In *14th International Conference on Computer Communications and Networks*, *2005 (ICCCN 2005)* (pp. 333–338). 17–19 Oct. 2005, San Diego, California, USA: IEEE.

Lopez, J., Roman, R., & Alcaraz, C. (2009). Analysis of security threats, requirements, technologies and standards in wireless sensor networks. In *Foundations of Security Analysis and Design V*. Springer.

Lu, T., Zhao, J., Zhao, L., Li, Y., & Zhang, X. (2014). Security objectives of cyber physical systems. In *7th International Conference on Security Technology (SecTech)*, (pp. 30–33). IEEE.

Mahan, R. E, Burnette, J. R., Fluckiger, J. D., Goranson, C. A., Clements, S. L., Kirkham, H., Tew, C. (2011). *Secure data transfer guidance for industrial control and SCADA systems*. Washington: Pacific Northwest National Laboratory Richland.

Mahmood, M. A., Seah, W. K. & Welch, I. (2015). Reliability in wireless sensor networks: A survey and challenges ahead. *Computer Networks*.

Mao, X., Zhou, C., He, Y., Yang, Z., Tang, S., & Wang, W. (2011). Guest editorial: Special issue on wireless sensor networks, cyber-physical systems, and internet of things. *Tsinghua Science and Technology*, *16*, 559–560.

McEvoy, T. R., & Wolthusen, S. D. (2011). Defeating network node subversion on SCADA systems using probabilistic packet observation. *International Journal of Critical*

Infrastructures, *9*, 32–51.

Mitchell, R., & Chen, I.-R. (2014). A survey of intrusion detection techniques for cyber-physical systems. *ACM Computing Surveys* (*CSUR*), *46*, 55.

Mo, Y., Kim, T.-H., Brancik, K., Dickinson, D., Lee, H., Perrig, A., et al. (2012). Cyber–physical security of a smart grid infrastructure. *Proceedings of the IEEE*, *100*, 195–209.

Mohammadi, S., & Jadidoleslamy, H. (2011a). A comparison of link layer attacks on wireless sensor networks. *arXiv preprint* arXiv: 1103.5589.

Mohammadi, S., & Jadidoleslamy, H. (2011b). A comparison of physical attacks on wireless sensor networks. *International Journal of Peer to Peer Networks*, *2*, 24–42.

Muhammad Farhan, R. S. (2014). Energy efficient clustering algorithms for wireless sensors network: A survey. In *International Conference on Computers and Emerging Technologies* (*ICCET-2014*), Khairpur, Pakistan.

Networks, T. (2016). *A modern approach to safeguarding your industrial control systems and assets*. Available: https://www.temperednetworks.com/wp-content/uploads/2015/05/Tempered Networks-Securing-Industrial-Control-Systems.pdf.

Newsome, J., Shi, E., Song, D., Perrig, A. (2004) The sybil attack in sensor networks: Analysis & defenses. In *Third International Symposium on Information Processing in Sensor Networks*, *2004. IPSN 2004*. 6–27 April 2004 California, USA: IEEE.

Ozdemir, S., & Xiao, Y. (2008). Secure data aggregation in wireless sensor networks: A comprehensive overview. *Computer Networks*, *53*, 2022–2037.

Pal, P., Schantz, R., Rohloff, K., & Loyall, J. (2009). Cyber-physical systems security-challenges and research ideas. In *Workshop on Future Directions in Cyber-physical Systems Security*.

Park, K., Lin, Y., Metsis, V., Le, Z., Makedon, F. (2010). Abnormal human behavioral pattern detection in assisted living environments. In *Proceedings of the 3rd International Conference on Pervasive Technologies Related to Assistive Environments*. ACM.

Pidikiti, D. S., Kalluri, R., Senthil Kumar, R. K., & Bindhumadhava, B. S. (2013). SCADA communication protocols: Vulnerabilities, attacks and possible mitigations. *CSIT*, *1*, 135–141.

Premaratne, U. K., Samarabandu, J., Sidhu, T. S., & Beresh, R. (2010). An intrusion detection system for IEC61850 automated substations. *IEEE Transactions on Power Delivery*, *25*, 2376–2383.

Rietta, F. S. (2006). Application layer intrusion detection for SQL injection. In *44th ACM South East Conference*, *2006*. University Blvd, Melbourne, Florida, USA, FL 32901. ACM.

Sabeel, U., Maqbool, S., & Chandra, N. (2013). Categorized security threats in the wireless sensor networks: Countermeasures and security management schemes. *International*

Journal of Computer Applications, *64*, 19–28.

Saqib, A., Waseem, R. A., & Hussain, O. K. (2015). Cyber security for cyber-physical systems: A trust based approach. *71*, 144–152.

Sastry, A. S., Sulthana, S., & Vagdevi, S. (2013). Security threats in wireless sensor networks in each layer. *International Journal in Advanced Networking and Applications*, *4*, 1657–1661.

Shafi, Q. (2012). Cyber physical systems security: A brief survey. In *ICCSA Workshops*, *2012*(pp. 146–150).

Shin, S., Kwon, T., Jo, G.-Y., Park, Y., & Rhy, H. (2010). An experimental study of hierarchical intrusion detection for wireless industrial sensor networks. *IEEE Transactions on Industrial Informatics*, *6*, 744–757.

Singh, H., Agrawal, M., Gour, N., & Hemrajani, N. (2014). A study on security threats and their countermeasures in sensor network routing. *Prevention*, *3*.

Stelte, B., & Rodosek, G. D. (2013). Assuring trustworthiness of sensor data for cyber-physical systems. In *2013 IFIP/IEEE International Symposium on*, *Integrated Network Management*(*IM 2013*), (pp. 395–402). IEEE.

Sun, F. M., Zhao, Z., Du, L., & Chen, D. (2014a). A review of attacks and security protocols for wireless sensor networks. *Journal of Networks*, *9*, 1103–1113.

Sun, F., Zhao, Z., Fang, Z., Du, L., Xu, Z., & Chen, D. (2014b). A review of attacks and security protocols for wireless sensor networks. *Journal of Networks*, *9*, 1103–1113.

Taylor, C. R., Shue, C. A., & Paul, N. R. (2014). A deployable SCADA authentication technique for modern power grids. In *International Conference on Energy*. Cavtat: IEEE.

Vijayalakshmi, S., & Rabara, S. A. (2011). Grilling gratuitous detour in Adhoc network *International Journal of Distributed and Parallel Systems*(*IJDPS*), *2*.

Virmani, D., Soni, A., Chandel, S., & Hemrajani, M. (2014). Routing attacks in wireless sensor networks: A survey. *arXiv preprint* arXiv: 1407.3987.

Vuković, O., Sou, K. C., Dán, G., & Sandberg H. (2011). Network-layer protection schemes against stealth attacks on state estimators in power systems. In *IEEE International Conference on Smart Grid Communications*(*SmartGridComm*). Brussels: IEEE.

Wan, J., Chen, M., Xia, F., Di, L., & Zhou, K. (2013a). From machine-to-machine communications towards cyber-physical systems. *Computer Science and Information Systems*, *10*, 1105–1128.

Wan, K., Man, K., & Hughes, D. (2010). Specification, analyzing challenges and approaches for cyber-physical systems(CPS). *Engineering Letters*, *18*, 308.

Wan, J., Yan, H., Liu, Q., Zhou, K., Lu, R., & Li, D. (2013b). Enabling cyber-physical systems with machine–to–machine technologies. *International Journal of Ad Hoc and Ubiquitous Computing*, *13*, 187–196.

Wang, C., Sohraby, K., Li, B., Daneshmand, M., & Hu, Y. (2006). A survey of transport protocols for wireless sensor networks. *IEEE Network*, *20*, 34–40.

Wang, D., & Wang, P. (2013). Offline dictionary attack on password authentication schemes using smart cards. In *Proceedings 16th Information Security Conference (ISC 2013)*. Dallas, TX: Springer-Verlag.

Wood, A. D., Srinivasan, V., & Stankovic, J. A. (2009). Autonomous defenses for security attacks in pervasive CPS infrastructure. In *Proceedings DHS: S&T Workshop on Future Directions in Cyber-physical Systems Security*.

Wu, F.-J., Kao, Y.-F., & Tseng, Y.-C. (2011). From wireless sensor networks towards cyber physical systems. *Pervasive and Mobile Computing*, *7*, 397–413.

Xia, F., Mukherjee, T., Zhang, Y., & Song, Y.-Q. (2011). Sensor networks for high-confidence cyber-physical systems. *International Journal of Distributed Sensor Networks*, *2011*.

Xing, K., Srinivasan, S. S. R., Jose, M., Li, J., & Cheng, X. (2010a). Attacks and countermeasures in sensor networks: A survey. In *Network Security*. Springer.

Xing, K., Srinivasan, S. S. R., Rivera, M., Li, J., & Cheng, X. (2010b). *Attacks and countermeasures in sensor networks: A survey.* Hefei, Anhui, China: Springer Science and Business Media Cell.

Xu, Z., Liu, X., Zhang, G., He, W., Dai, G., & Shu, W. (2008). A certificateless signature scheme for mobile wireless cyber-physical systems. In *The 28th International Conference on Distributed Computing Systems Workshops*. Beijing: IEEE.

Yang, Y., McLaughlin, K., Sezer, S., Littler, T., Im, E. G., Pranggono, B., et al. (2014). Multiattribute SCADA-specific intrusion detection system for power networks. *IEEE Transactions on Power Delivery*, *29*, 1092–1102.

Yu, Y., Li, K., Zhou, W., & Li, P. (2012). Trust mechanisms in wireless sensor networks: Attack analysis and countermeasures. *Journal of Network and Computer Application*, *35*, 867–880.

Zhang, Z., Trinkle, M., Dimitrovski, A. D. (2013a). Combating time synchronization attack: A cross layer defense mechanism. In *IEEE/ACM International Conference on Cyber-Physical Systems, ICCPS, 2013*, (pp. 141–149). New York: IEEE/ACM.

Zhang, L., Wang, Q., & Tian, B. (2013b). Security threats and measures for the cyber-physical systems. *The Journal of China Universities of Posts and Telecommunications*, *20*, 25–29.

第5章
信息物理系统的工业控制系统/
监控和数据采集系统安全

信息物理系统是各种信息通信技术和嵌入式微处理器的集合，它们通过传感器和执行器与物理世界进行通信。智能电网是信息物理系统的一个应用领域。智能电网信息物理系统的远程活动被称为工业控制系统/监控和数据采集系统（ICS / SCADA）的专用计算系统监控。因此，保持工业控制系统/监控与数据采集系统的安全至关重要，以防止任何网络攻击对智能电网造成物理危害，从而对人的生命、国家安全以及经济产生影响。工业控制系统（ICS）或监控和数据采集（SCADA）系统的设计和实施应遵循众所周知的标准、指南、最佳实践和政策所定义的最实用的安全实践方法。此外，还有大量的安全知识资源提供了保护工业控制系统（ICS）或监控和数据采集（SCADA）系统的各种方法。但是，这种过量和分散的信息使掌握 ICS/SCADA 安全问题的全貌带来困难，导致制定出错误的、不完整的或失败的决策。

5.1 简介

信息物理系统是连接物理环境和网络世界的桥梁，通过一个或一组相互协作的传感器和执行器来处理异构数据流，最终由智能决策控制系统控制（Wu et al. 2011）。此外，除更低的嵌入式电子设备成本，如果没有传感器、执行器、通信、互联网和无线等技术革新，信息物理系统的创新商业化是不可能实现的（Rajkumar et al. 2010）。信息物理系统在商业上可用于监测和控制供水、石油生产、运输、电信、电力发电和传输（Sanislav 和 Miclea 2012）。因此，信息物理系统的操作必须是安全的，以避免对人类和周围环境造成任何危害，这可通过确保和维护安全属性的机密性、完整性和可用性来实现（Aditya 2015）。此外，任何针对智能电网等关键基础设施的信息物理系统网络攻击都将产生巨大的负面影响，甚至可能会致人死亡（Mo et al. 2012）。这些网络攻击可以通过多种方式进行，如窃听、拒绝服务（DoS）和无线干扰（Ali et al. 2015）。设备和连接的多样性将为攻击周围物理环境的敏感信息和私有信息创造更多的漏洞（Amin et al. 2013）。

随着针对信息物理系统安全的攻击的多样性增多，保护其应用程序、网络和服务器防止非法访问和恶意攻击至关重要。这在智能电网等关键任务基础设施中尤为重要，在这些基础设施中，安全性必须可靠，并且要有一个安全的环境来进行日常操作（Kui et al. 2011）。显然，要保护和保障信息物理系统设备的安全，特别是包括智能电网在内的全国性基础设施中使用的设备（Charalambos et al. 2015）。为保护智能电网，应采取和利用专门的安全框架和政策。这个框架应该提供对信息物理系统安全独特性的一般性理解，这将有利于加强知识共享和安全研究的整合，并支持面向信息物理系统的应用，如智能电网的更多安全活动的开发（NIST 2016）。

5.2 工业控制系统／监控和数据采集系统安全

目前，工业控制系统被用于国家关键的基础设施（如智能电网），以远程和实时的方式监控、管理和控制各种关键流程和物理功能（Alshami et al. 2008）。工业控制系统是一个通用术语，包括许多不同类型的控制系统，如监控和数据采集以及分布式控制系统。在实践中，不同的媒体出版物通常使用工业控制系统／监控和数据采集之类的表达作为一种运行技术的研究主题（Darktrace 2015）。工业控制系统／监控和数据采集系统旨在从各种远程设备（如泵、变送器、阀门等）获取数据，并通过主机的中央监控和数据采集软件远程控制这些数据。此外，它还由计算机、网络和嵌入式设备组成，这些设备协同工作，监视、管理和控制各种工业和关键基础设施领域（如石油和电力管理）的关键过程。该组合主要由现场仪器仪表、可编程逻辑控制器和／或远程终端设备、通信网络和工业控制系统／监控和数据采集主机软件组成（Schneider 2012）。

智能电网的现场仪器通过 ICS/SCADA 控制室进行远程监测和控制（Coates

et al. 2010）。同时，电源的实时数据也应该得到保护，并保持可用状态，以提供可靠和最佳的电源管理（Gao et al. 2013）。为此，智能电网应该得到很好的保护，以免遭受网络攻击（Shuaib et al. 2015）。保护这些关键基础设施既重要又具有挑战性，因为即使最短的停机时间也可能会导致许多问题。因此，智能电网必须仔细识别工业控制系统／监控和数据采集系统的安全问题，可能的攻击向量，评估和排序不同的威胁，并及时修复可能的漏洞（khurana et al. 2010）。

此外，了解工业控制系统／监控和数据采集系统的安全需求需要掌握足够的关于工业控制系统／监控和数据采集体系结构、漏洞和攻击等方面的知识，从而引出关于攻击策略、安全挑战、目标以及计划实施的安全措施等内容。以下部分将简要介绍上述所有概念。

5.2.1　工业控制系统／监控和数据采集的体系结构

如图 5.1 所示，工业控制系统／监控和数据采集基础设施的概念图有四个主要组成部分，即工业控制系统／监控和数据采集控制中心，通信网络，可编程逻辑控制器和／或远程终端单元，以及现场仪器（Schneider 2012）。工业控制系统／监控和数据采集控制室由服务器组成，包括用于过程控制的 OLE（OPC）和数据库，以及终端用户计算机和人机界面（HMI）组成。用于过程控制的 OLE（OPC）服务器作为软件接口，允许 Windows 软件与工业硬件仪器进行通信，类似于对象链接和嵌入（OLE）的概念，但用于过程控制（Galloway & Hancke 2013）。通信网络允许如监控和数据采集控制室、可编程逻辑控制器、远程终端单元和各种现场仪器之间的连接。它可以使用许多通信技术和设备，如光纤、以太网、Wi-Fi、交换机、路由器、调制解调器、卫星等（Kuzlu 2014）。

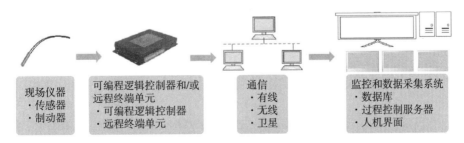

图 5.1　开发的工业控制系统／监控和数据采集基础设施的概念说明

可编程逻辑控制器是一种坚固的特定工业计算机，其内存中存储了预先定义的指令，用于执行某些任务，并始终观察其连接的输入设备（如传感器）的状态，并根据定制的编程代码来改变输出设备（如执行器）的状态。此外，可编程逻辑控制器具有输入/输出与传感器、执行器、阀门、泵等现场仪器交互的功能，可持续观察各种输入设备的状态，并根据预定义的定制指令做出基于逻辑的决策，控制输出设备的状态。因此，工业控制系统/监控和数据采集系统完全依赖于可编程逻辑控制器来监控现场仪器。此外，远程终端单元是一种遥测电子设备，与传感器等远程输入设备相连，接收输入数据并将其传输到工业控制系统/监控和数据采集控制室。可编程逻辑控制器和远程终端单元正在成为智能电网环境中使用的核心技术之一（Moscatelli 2011）。

工业控制系统/监控和数据采集系统是由各种各样的仪器和设备如温度传感器、压力传感器、液位传感器、流量计、各种阀门、智能泵等组成。同时，传感器是小型电子设备，可感测周围的物理量，如电压、温度、压力、速度等。这些传感器将收集到的物理数据发送到工业控制系统/监控和数据采集控制服务器进行进一步的分析和监控。执行器是负责对周围环境或所附环境的部件做出反应的装置，反应可能是机械的或电子的。此外，这些装置将在接到工业控制系统/监控和数据采集控制室的受控命令后开始工作。这些仪器是可编程逻辑控制器和现代远程终端单元的关键模拟输入设备，用于处理输入数据并做出相应的基于逻辑的决策（Ida 2014）。

智能电网中的工业控制系统/监控和数据采集体系结构与之相似，但也有一些特性。例如，在智能电网中，电力公司的变电站通过可编程逻辑控制器或/和远程终端单元将最新的实时电力数据状态发送到监控和数据采集控制室。与此同时，现代变电站配备了智能电子设备，如电子断路器和电力监视器，它们与可编程逻辑控制器和远程终端单元合作，将收集到的数据传输到变电站的计算机上，同时将数据传输到中央监控和数据采集系统（Thomas & McDonald 2015）。

5.3 工业控制系统/监控和数据采集漏洞

信息物理的嵌入式系统是工业控制系统/监控和数据采集系统的运行基础，易受攻击，因此，它们应该得到妥善保护（Cardenas et al. 2009）。工业控

制系统 / 监控和数据采集系统的脆弱性是由多种因素造成的，如缺乏实时网络扫描来检测可疑活动、识别出威胁并做出相应的反应，系统化、细致的更新和修补速度缓慢，缺乏对新旧设备规格和功能的了解。另外，缺乏关于网络流量状态的足够信息是导致系统脆弱性的核心原因，因为它使安全专家无法了解任何异常活动或现场仪器和工业控制系统 / 监控和数据采集系统的潜在威胁。被忽视的、不熟练的和不安全的认证做法给了攻击者进入这些漏洞的机会（Kim & Kumar 2013）。

5.4　对工业控制系统 / 监控和数据采集的攻击方式

针对工业控制系统 / 监控和数据采集系统的攻击会不止一次，攻击者会通过大量的努力，使用各种方法来收集最充分、最适用的信息，从而制造巨大的负面影响。所用攻击方法的类型和复杂性取决于攻击目标的重要性、为了满足这些目的必须达到的影响水平，以及工业控制系统 / 监控和数据采集系统的安全程度。例如，如果攻击者没有攻击目标，那么她 / 他可能会满足于拒绝服务攻击。然而，如果她 / 他需要进一步通过操纵操作过程来破坏工业控制系统 / 监控和数据采集系统，从而最终对结构、设备、数据和人员造成损害的话，那么，就会采用庞大的系统攻击方法（Lee 2015）。戴尔列出了 2014 年用于攻击工业控制系统 / 监控和数据采集系统的最常用方法（Dell 2015）。

5.5　工业控制系统 / 监控和数据采集面临的威胁类别

工业控制系统 / 监控和数据采集运行的安全性主要受到两大类威胁，包括非故意威胁和故意威胁。非故意威胁主要来自其工作场所，主要的来源是人、设备或周围的自然环境。包括雇员、承包商和 / 或业务合作伙伴在内的人为因素可能会成为威胁的来源，这些人的疏忽、粗心大意等行为可能会让她 / 他可能在没有意识或意图的情况下对工业控制系统 / 监控和数据采集系统造成威胁。此外，机器故障、设备安全缺陷和设备崩溃也是工业控制系统 / 监控和数据采集安全的几大威胁来源（IEC 2016）。而且，雪崩、滑坡、地震、天坑、火山喷发、洪水、海啸和暴风雪等自然灾害也会对工业控制系统 / 监控和数据采集的安全造成破坏（Laing 2012）。另外工业控制系统 / 监控和数据采集系统也可能成为恼怒的雇员、工业间谍、破坏者、网络黑客、病毒和蠕虫、物理盗窃者和电子恐怖主义蓄意攻击的目标（IEC 2016）。

5.6 保护工业控制系统/监控和数据采集的挑战

保护工业控制系统/监控和数据采集系统的专业人员面临着许多安全挑战，比如没有考虑到安全问题的旧体系结构设计，再比如，仍然使用明文形式在内部和远程连接之间传输消息，而不采用任何加密技术。有许多应用程序和服务器的操作系统和应用程序没有定期的补丁计划，甚至一些固件程序根本没有更新。保护地理上分散的工业控制系统/监控和数据采集组件（如传感器、执行器、可编程逻辑控制器和远程终端单元）的远程通信也是一个挑战。此外，在保护工业控制系统监控和数据采集系统方面还存在一些管理、操作和技术方面的挑战，如漏洞跟踪问题、设备和系统的标准化、停机维护、不受支持的操作系统和应用程序、暴露在操作技术（OT）网络和公共网络、无法在生产中进行实时测试、事故发生后补救时间有限、共享账户或缺乏身份验证，以及信息技术和操作技术之间的连接保障（Babu et al. 2017）。

5.7 工业控制系统/监控和数据采集安全目标

保护工业控制系统/监控和数据采集体系结构有很多目标，比如在最困难的条件下保持工业控制系统/监控和数据采集系统尽可能运行。这涉及到大多数工业控制系统/监控和数据采集的关键设备（如历史服务器、交换机、调制解调器和现场仪器）创建冗余。此外，在故障期间，设备不应该在工业控制系统/监控和数据采集网络上造成不必要的流量或在其他地方造成额外的麻烦。

工业控制系统/监控和数据采集系统的设计应考虑到系统降级，如从全自动化的"正常状态"转换到需操作员干预的自动化程度更低的"紧急状态"，再转换到完全没有自动化的"全手动状态"（NIST 2015）。还有一个保护目标是提供一种系统实用的方法来检测各种安全事件和突发事件。例如，如果安全专家能够及早发现设备故障、耗尽资源的服务（如内存、进程和使用的带宽）就可以保护工业控制系统/监控和数据采集系统的安全（Ralston 2007）。

　　此外，保护工业控制系统 / 监控和数据采集系统有三个传统的安全目标，即可用性、完整性和机密性（AIC）。可用性位于安全目标优先级列表里的第一位，此目标致力于在监视和控制关键基础设施或生命安全系统时，保持工业控制系统 / 监控和数据采集提供 7*24 小时不间断服务。完整性排在列表的第二位，能够为操作人员 / 控制人员提供所需的信心，以完全信任收到的各类信息的完整性，并依据从各种仪器和设备读取的反馈或状态采取最合适的行动。机密性不如可用性和完整性重要，因为从传感器、可编程逻辑控制器和远程终端单元接收到的物理信息已被使用，并且被传输的信息是基于状态的，仅在特定时间内有效；然后，在历史服务器中处理并存储之后，这些信息将被丢弃。例如，被处理的物理数据的生存时间非常短，两个处理数据间隔周期只有几毫秒，而在传统的信息技术（IT）数据中，信用卡信息的有效期可长达数年（Homeland-Security 2009）。

　　帕克和李进行了一项研究，探究是否需要一套新的安全目标，或者安全目标是否与信息技术中典型的安全目标机密性、完整性、可用性相类似（2014）。研究人员比较了 ISO 27001、NIST SP 800-53 和 IEC 61511 三项国际标准的安全性要求，以检查上述标准是否考虑了工业控制系统 / 监控和数据采集的安全性要求。这些标准认为工业控制系统 / 监控和数据采集系统安全性与信息技术中的机密性、完整性、可用性同等重要。此外，他们发现基于 ISO 27001 或 NIST SP 800-53 的安全目标是不充分的，并不能反映工业控制系统 / 监控和数据采集系统本质的独特性。然而，IEC 61511 的安全性要求与实际中一般性安全控制相匹配，任何新的工业控制系统 / 监控和数据采集系统安全计划都应该包括安全性要求。因此，研究人员得出结论，工业控制系统 / 监控和数据采集系统（Park 和 Lee 2014）需要一个基于机密性、完整性、可用性和安全性的新安全目标。

5.8　工业控制系统 / 监控和数据采集安全要求

5.8.1　安全对策的重要性

　　安全需求（对策）指的是减少威胁、漏洞或攻击的某些操作、设备、程序或技术。这些要求旨在通过自动减少负面影响或发现并报告威胁来消除或防止威胁，以便信息技术专家或操作人员能够采取纠正措施（D'arcy et al. 2008）。美国国土安全部已经制定了几项工业控制系统／监控和数据采集安全对策及实施这些对策所需的相关活动，如安全政策、物理和环境安全、配置管理、通信保护、安全意识和培训、事件响应、便携媒体保护、访问控制和安全程序治理（DHS–USA 2011）。

亨泰亚提出了几个必须实施的基本安全要求来保护工业控制系统／监控和数据采集系统的安全，包括制定可变的安全政策和程序，进行安全知识管理实践，以便所有工业控制系统／监控和数据采集系统的利益相关方将知道保证整个系统安全的重要性，并且这些安全知识可以通过正式培训、宣传、会议等方式共享（2008）。此外，必须确保工业控制系统／监控和数据采集系统的开发人员具有较高的资质和熟练的技能来创建这些关键系统，知道如何维护最佳安全代码。工业控制系统／监控和数据采集系统的基础设施中的各种仪器应具有内置安全功能，以进一步提高安全性，并创建额外的保护层。

保护现场仪器（例如，传感器、执行器、可编程逻辑控制器和远程终端单元）是保护工业控制系统／监控和数据采集系统操作的主要安全工作。首先，要选择符合最新安全标准的正确设备。其次，现场仪器的安全性应贯穿其整个生命周期：采购、安装、监控和维护。现场仪器应满足核心安全要求，如认证，授权和可用性、完整性、机密性（Hentea 2008）。现场仪器的物理安全对策应从提供适用的安全"围栏"和"大门"开始，要保证通过传统硬件和电子锁的组合才能进行访问。此外，建议使用与闭路电视（CCTV）连接的运动检测器来记录和发现远程站的入侵者。

智能电网的现场仪器和工业控制系统／监控和数据采集系统必须通过采取正确有效的应对措施来保护其免受网络威胁（Jokar et al. 2016）。安全防护必须采取最佳的安全实践，例如准备规范全面的 ICS/SCADA 安全路线图，安全策略也应经过充分考虑制定，包括物理和逻辑上的访问控制。同时，工业控制系统／监控和数据采集安全和网络架构的设计也必须经过慎重考虑，应明确界定、实施、遵守并定期更新安全边界。此外，其他要求必须包括定期的工业控制系统／监控和数据采集安全审计和评估、精心设计的安全配置、操作系统和应用程序的安全性以及必须严格执行和遵守的适当的密码策略。安全监控技术必须具有高质量的标准和功能。工业控制系统／监控和数据采集的用户必须通过强认证，工业控制系统／监控和数据采集组件之间传输的数据应该得到很好的保护（Chae et al. 2015）。

　　工业控制系统 / 监控和数据采集控制室的服务器和主机必须能够有效防范逻辑和物理攻击。此外，为了提供最佳可用性，必须在服务器之间建立冗余和高容量链路。它还建议在工业控制系统 / 监控和数据采集服务器和网络组件（如交换机 / 路由器）之间建立负载平衡和故障切换机制（Kucuk et al. 2016）。工业控制系统 / 监控和数据采集服务器应接受适当的配置 / 补丁管理，并且只安全导入和执行可信任的补丁，这将有助于确保工业控制系统 / 监控和数据采集服务器的安全。此外，这些服务器需要强大的多因素身份验证，并将权限仅限于需要访问的员工（Shahzad et al. 2014）。必须在工业控制系统 / 监控和数据采集服务器和主机上实施应用程序白名单技术，以防止安装和执行不受欢迎的应用程序（Larkin et al. 2014）。总之，工业控制系统 / 监控和数据采集服务器和主机应通过采用和实施使用不同工具、策略和协议的可靠访问控制来实现物理和逻辑安全，以发展成最安全的识别、身份验证、授权和问责机制（Fovino 2014）。

　　除上述内容外，以下小节将重点介绍保护工业控制系统 / 监控和数据采集系统所需的其他一些重要的安全密钥要求。

5.8.2　电子和物理安全边界

　　为了帮助保护工业控制系统 / 监控和数据采集基础设施的物理资产和人力资产，应该有精心规划的电子和物理安全边界。这些安全边界必须能够识别和控制人员进出工业控制系统 / 监控和数据采集设施的访问权限，特别是禁区。电子边界必须能够有效地追踪工业控制系统 / 监控和数据采集系统占用者和资产的最新位置、移动和活动情况，特别是在可能发生任何事故的情况下，只要有需要，必须能够快速响应并实时发出警报（Fielding 2015）。

　　其中一个重要的电子边界是闭路电视监控系统，监控任何进入工业控制系统 / 监控和数据采集建筑物，特别是控制室的人员。此外，闭路电视监控系统的类型和数量需要由熟练的专业人员和安全供应商设计和确定，因为他们是工业控制系统 / 监控和数据采集基础设施的物理安全对策要求方面的专家。此外，购买昂贵或廉价的闭路电视并不总是实用的和有效的，权衡安全与金钱是一个艰难的过程，通常会使人们做出混乱的决定。但是，在保护工业控制系统 / 监控和数据采集系统组件建筑物方面，重要的是对类型、规格、功能和最佳安装位置进行深入研究。例如，为闭路电视监控系统提供电子可调变焦 / 平移 – 倾斜 – 变焦（PTZ）功能是一个很好的选择，可以增强对组织内物理运动的监控。此外，建议结合使用变焦 / 平移 – 倾斜 – 变焦功能、安全防护主动监控和运动感应探测器来加强工业控制系统 / 监控和数据采集公司中的各个建筑和部门的安全性（Knapp & Langill 2014）。

必须安装适当的物理屏障和电子访问控制设备，以限制对工业控制系统 / 监控和数据采集组件设施的访问。但是，更推荐使用高科技的解决方案来确保工业控制系统 / 监控和数据采集组件设施的安全。该统一安全包应包括视频监控、访问控制和边界检测工具，这些工具与过程和安全系统中的警报和事件紧密集成，以实现智能化和协调的响应机制。统一的工具还应该占用人机界面（HMI），这样可以产生共同的外观和感觉效果。人机界面增强了决策能力，因为工业控制系统 / 监控和数据采集控制室控制台和安全办公桌面都能看到实时事件，可以更快地响应和反馈（Fielding 2015）。

工业控制系统 / 监控和数据采集安全专家建议采用"陷阱（Mantrap）"技术来保护控制室。"陷阱"是一个小房间，用来"困住"那些想要通过这个安全房间的人。该陷阱有助于提供时间来检验个人的凭证，并允许访问或发出未授权进入的警报。陷阱间应该有两扇门：第一扇从外部连接到公司的公共区，第二个扇是远离陷阱通往走廊，走廊通向工业控制系统 / 监控和数据采集系统控制室和两扇门所需的认证。出于认证目的，该房间一次只能容纳一个人，并且如果发生这种情况，会有不止一人发出通知，要求将第二个人留在室内。使用运动检测技术可以检测到"陷阱"里有多少人（Niles 2004）。

大多数人往往会忘记或忽视一些关键信息，这可能使得他们不遵守必要的安全对策，因此，通过在关键位置张贴警告海报来警告员工和访客是十分可行的安全措施。通常，警告声明会是诸如"仅允许授权使用"和"设备正在被监控中"。这些横幅不应披露有关设备或系统的任何技术和操作细节。有许多针对不同情况的警告海报类型，广泛用于警告员工，供应商和访问者了解风险以及如何应对风险。此外，最重要的方面是将海报放在引人注意的地方，以不断提醒人们，使他们没有机会忽视或忘记（Green 2001）。

5.8.3 网络通信安全

工业控制系统 / 监控和数据采集服务器和网络组件协同工作，管理所有通信、评估和检查接收到的数据，并在人机界面工作站上显示警报和事件（Chandia et al. 2008）。此外，智能电网工业控制系统／监控和数据采集网络依赖于混合通信技术，包括有线，如光纤、电力线通信、铜线线路和无线，如全球移动通信系统（GSM）/通用分组无线业务（GPRS）/无线城域网（WiMax）/无线局域网（WLAN）及认知无线电（Yan 2013）。但是，其中一种通信技术可能对工业控制系统／监控和数据采集系统构成潜在威胁（Babu et al. 2017）。例如，使用旧的远程连接技术，例如租用线路和拨号调制解调器，与远程现场设备进行工业控制系统／监控和数据采集远程通信，将有利于对关键网络的攻击（Byres et al. 2007）。这些旧的通信技术大多没有认证和加密或者认证和加密很弱，攻击者可以利用它们来访问工业控制系统／监控和数据采集网络。例如，攻击者可以访问连接到智能电网断路器的旧技术调制解调器，破坏改变控制配置设置，从而导致停电并损坏各种电气设备（NIST 2011）。

综上所述，这些通信技术必须得到很好的保护和保障，制定明确的政策是保护工业控制系统／监控和数据采集网络的重要方面之一。此策略描述了流量图或白名单，这对于通过定义数据类型和所有允许的路由来更好地管理工业控制系统／监控和数据采集网络至关重要。流量白名单策略将用于开发和维护数据包过滤并描述潜在的瓶颈位置（Barbosa et al. 2013）。此外，网络策略应控制对网络的访问，以保护工业控制系统／监控和数据采集网络基础设施，方法是向工业控制系统／监控和数据采集用户提供必要的指导，说明他们的权利以及他们可以访问和做什么，例如，需要进行身份验证，以确保合适的人可以访问正确的网络域（Valenzano 2014）。

此外，由于大多数无线网络技术仍然采用默认的安装安全设置，并且没有实施强化，它们将容易受到各种攻击。因此，网络政策还应该涵盖无线通信的安全性，应该仔细考虑智能电网变电站的嘈杂电气环境，这可能会影响工业控制系统／监控和数据采集网络的可用性和可靠性（Leszczyna 2011）。

总之，利用网络安全监控（NSM）和安全信息以及事件管理（SIEM）非常重要。网络安全监控是一种收集、分析和发出正确指示或警告以检测和响应入侵攻击的手段（Sanders & Smith 2013）。安全信息以及事件管理系统在提供实时分析和执行数据聚合、关联、警报、仪表板、合规性、维护和取证调查方面与网络安全监控类似（Bhatt et al. 2014）。

5.8.4 产品、软件和强化

工业控制系统 / 监控和数据采集基础设施占用了广泛的信息技术产品和软件，应对其进行评估和认证，以确保质量并确保其符合现行安全标准。此外，这些与信息技术相关的产品和软件应定期更新、稳定版本、测试、验证和修补，以确保操作技术（OT）操作要求的安全性。同样，安全专业人员应该了解哪些功能和服务是默认打开的，哪些功能和服务应该被禁用，因为大多数功能和服务都不是必需的，其他功能和服务应该更加安全。在工业控制系统 / 监控和数据采集基础设施中集成新产品或软件时，安全专业人员必须在确保已安装软件的完整性，软件源（供应商、承包商）的验证以及正确和安全的安装实践和环境方面发挥作用（Krotofil & Gollmann 2013）。

在操作工业控制系统 / 监控和数据采集网络中添加、升级、更新或修补任何软件时，应特别小心。而且，这些活动只能通过强大的加密技术保护的中央服务器进行转换。此外，工业控制系统 / 监控和数据采集网络产品和软件必须经常更新和修补，并且在各种升级过程中应保持完整性。升级后的产品和软件应脱机，以防止对工业控制系统 / 监控和数据采集网络运行活动造成任何干扰。应提前为任何不良事件设置工业控制系统 / 监控和数据采集产品和软件的备份和恢复计划。该计划应指导安全员工对运行和启动配置、数据、软件镜像和模块执行例行的最新备份。此外，该计划应记录更新和测试的恢复程序，并考虑在出于系统恢复目的重启其组件时不会对工业控制系统 / 监控和数据采集网络产生负面影响（Ramachandruni & Poornachandran 2015）。

工业控制系统 / 监控和数据采集系统的强化包括消除闲置、不必要的或未知的组件，例如模块、服务或端口。系统强化中最重要的是选择和实施最安全的配置参数，以及安装安全补丁（Leszczyna 2011）。另外，由于系统强化非常重要，因此在技术上应该非常小心。如果信息技术专家知识有限，则会导致系统强化实践不力，导致整个工业控制系统 / 监控和数据采集系统可能存在不稳定的弱点。例如，一个无知的安全专家可能会删除一个很少使用的但却对其他关键功能很重要的服务。因此，应经常对员工进行良好的培训，提升其技术意识，以便他们了解如何执行良好、稳定的和稳固的工业控制系统 / 监控和数据采集系统强化。同时，应与制造商、供应商和承包商合作，定期执行、记录和审查这一过程。另外，该文档应规定工业控制系统 / 监控和数据采集系统强化应如何实施、何时实施及完成（Graham et al. 2016）。

同时，良好的系统化配置和补丁管理策略将有助于强化安全计划和访问控制策略（Valenzano 2014）。在补丁部署过程中，不应更改安全核心强化配置，最重要的是，资产的配置应该在其生命周期中进行验证，这将有助于了解何时需要哪些补丁（Knowles et al. 2015）。

此外，防火墙在最小化工业控制系统 / 监控和数据采集系统的安全风险方面有很大作用，例如防止连接到互联网。因此，有必要强化防火墙来控制工业控制系统 / 监控和数据采集和互联网之间的连接，以阻止不需要的入站流量。防火墙的实体强化将使用明确定义的访问控制列表（ACL）和虚拟局域网（VLAN）访问控制策略来限制或控制从公司网络到工业控制系统 / 监控和数据采集网络的访问（Stouffer et al. 2013）。

5.8.5　便携式硬件 / 设备安全

诸如 USB 设备、CD 和 DVD 之类的便携式媒体将允许攻击者 / 黑客从智能电网环境内部访问工业控制系统 / 监控和数据采集系统，从而为入侵提供便利。例如，USB 可能包含有害的恶意软件，甚至可能是陷阱，导致工业控制系统 / 监控和数据采集系统受到损害。此外，便携式设备包括（但不限于）笔记本电脑、平板电脑（例如 iPad）、智能 / 移动电话、数码相机 / 记录设备、个人数字助理（PDA）、无线键盘和鼠标以及智能手表。所有这些设备都具有信息通信技术（ICT）功能，因此可用于捕获、存储、处理、传输、管理和控制可能对工业控制系统 / 监控和数据采集系统造成安全威胁的数据 / 应用程序。因此，必须通过规划、开发、实施、遵循和持续更新这些便携式设备的安全策略来确保工业控制系统 / 监控和数据采集系统的安全，使其免受便携式设备的侵害。例如，除非必要，否则该策略不应允许任何便携式设备连接到工业控制系统 / 监控和数据采集网络。此外，如果需要这样做，便携式设备必须使用更新的且众所周知的反病毒和恶意软件应用程序先进行扫描，然后才能将其连接到安全网络。安全文件传输网络区域或是一种很好的做法，文件只能通过此网络区域进行交换，因此，禁止将便携式设备连接到主工业控制系统 / 监控和数据采集网络，以预防来自 USB 设备的风险（Alcaraz 2012）。

5.9 工业控制系统 / 监控和数据采集安全策略

工业控制系统 / 监控和数据采集安全策略的目标是提供管理方向，并支持安全专业人员遵守业务要求和相关法律法规。由于关键工业控制系统 / 监控和数据采集环境的独特性，安全策略必须得到决策者的支持和批准，并在相关员工和利益相关者中分发。安全策略文档应包括负责实施和管理策略条款的个人，并且应通过其姓名、职位详细信息和联系人信息来识别他们。此外，应系统地审查和更新安全策略，以确保其持续的适宜性、充分性和有效性（ICTQatar 2012）。

当需要制定有效的工业控制系统 / 监控和数据采集系统的安全策略时，必须将众所周知的标准、指南和最佳实践作为指导（Evans 2016）。该策略应每年进行一次审查，并应在需要时进行变更，切记策略应当保持有效、适当和充分（ICTQatar 2012）。

ISO 27001 标准推荐了几项安全策略，例如清除桌面和清除屏幕策略、访问控制策略、信息 / 媒体 / 设备处置策略、数据分类和控制策略、移动计算和远程工作策略、密码策略、渗透测试策略、系统 / 数据备份和恢复策略、物理安全策略、系统使用监控策略、第三方访问策略和病毒 / 恶意软件策略（Evans 2016）。

5.10 治理与合规

5.10.1 工业控制系统 / 监控和数据采集环境的治理

在没有适当规划流程的情况下实施工业控制系统 / 监控和数据采集系统，会有风险管理研究不充分、安全策略薄弱、访问控制不当等问题，这将导致工业控制系统 / 监控和数据采集安全计划的治理不合理。此外，工业控制系统 / 监控和数据采集面临的挑战之一是操作技术（OT）安全和信息技术安全的治理，通常由不同的专业人员管理。操作技术设备由控制、操作、工程或自动化部门管理，而信息技术组件则由信息技术部门进行维护。此外，如果没有良好的协调，通常会产生不清楚哪个部门负责工业控制系统 / 监控和数据采集基础设施安全的疑惑，这可能会导致组织的安全能力出现偏差。图 5.2 说明了每个部门（IT 和 OT）的任务、功能和职责，以便更好地管理企业和工业控制系统／监控和数据采集网络。

　　将操作技术和信息技术安全策略与整体业务目标结合起来是非常重要的。适当的安全协调将加强资源分配的能力和可操作性，以实现可靠的业务成果，这些成果必须是可衡量的，并与风险评估报告具有可比性。事实上，如果组织未能开发出良好的工业控制系统／监控和数据采集安全治理，那将对关键操作产生负面影响。此外，整合知名的安全标准，最佳实践、框架和指南将为开发令人满意的工业控制系统／监控和数据采集基础设施安全治理结构提供良好的指导。此外，制定的治理策略将帮助决策者更好地了解工业控制系统／监控和数据采集可能存在的威胁。由此引出如何减轻威胁的措施，并能增强利益相关者的内部沟通和资源优化，明确操作技术和信息技术专业人员的角色和责任（Alcaraz & Zeadally 2015）。

　　工业控制系统／监控和数据采集（ICS/SCADA）安全管理的官方治理将有助于确保利益相关者和部门遵循稳定的和适当的安全策略。此外，治理提供了明确的角色和职责，管理工业控制系统／监控和数据采集系统安全威胁的最新方法，并保证支持性标准、指南和政策是适当的，并且这些措施都正在实施。应不断审查治理文件并确保持续采用工业控制系统／监控和数据采集标准进行安全性改进，从而反映组织的基础架构和目标（Group 2015）。

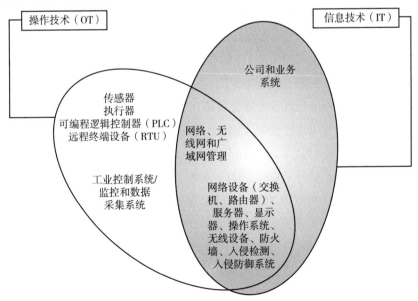

图 5.2　IT 与 OT 维持和管理合作与 ICS/SCADA 网络的职责

有许多活动将有助于管理工业控制系统 / 监控和数据采集的安全性，例如工业控制系统 / 监控和数据采集安全的业务影响分析、工业控制系统 / 监控和数据采集安全分类、安全角色、任务和责任、安全意识和培训、管理人为因素、变更管理、异常处理、工业控制系统 / 监控和数据采集渗透测试、事件响应、业务连续性、灾难恢复计划、工业控制系统 / 监控和数据采集资产管理和工业控制系统 / 监控和数据采集安全报告（Cabinet Office-UK 2014）。

针对智能电网中为工业控制系统 / 监控和数据采集系统采用良好的信息安全管理系统（ISMS），对于企业发展、创新和拓展高度机密信息的知识库至关重要。信息安全管理系统利用一组策略、流程、程序和计划来处理信息安全风险。此外，信息安全管理系统还用于识别威胁并分配适用的控制来管理或减少威胁。信息安全管理系统具有必要的灵活性，可以使安全控制适应组织的任何领域，提高员工和利益相关者的信任，并确保有价值的数据得到保护。此外，信息安全管理系统综合信息技术相关风险安全计划应同时涵盖企业和工业控制系统 / 监控和数据采集系统（Knowles et al. 2015）。

5.10.2　法规符合性和标准要求

一些标准化组织和政府机构制定了各种标准、指南和政策来保护工业控制系统 / 监控和数据采集系统。其中一个指南是美国国土安全部（Homeland security of USA 2011）发表的《国土安全部控制系统安全目录》（DHS catalog of control systems security）。该指南旨在指导组织选择和开发安全控制、标准、指南和最佳措施。此外，它还为确定当前工业控制系统 / 监控和数据采集安全控制的效率以及它们是否符合既定的安全策略和程序提供了指导（DHS-USA 2011）。

此外，北美电气可靠性公司（NERC）关键基础设施保护（CIP）标准 002-009 和美国国家标准与技术研究所（NIST）特别出版物 800-82 对工业控制系统 / 监控和数据采集安全（NIST 2011）有很好的指导意义。美国国家标准与技术研究所还制定了《NISTIR 7628 智能电网网络安全指南》。

表 5.1 显示了不同级别文档中著名的工业控制系统 / 监控和数据采集安全指南的一些示例如标准、指导方针、框架、策略和法规等。例如，当需要构建良好的访问控制程序时，安全专家可以使用下列标准：BP1-CPNI、NIST SP 800-63、NIST SP 800-82、NIST SP 800-92、ISO/IEC 27001、ISO 15408 和 ISO 19791。为了构建资产分类和控制的安全需求，我们可以使用 ISO/ IEC 27001、

ISO/ IEC 27002、ISO 15408 和 MAGERIT。此外，当高层管理人员需要制订
计划来管理业务连续性时，他们可以使用 NIST SP800-34、NIST SP800-100、
ISO/IEC 27001、ISO 15408 和 MAGERIT 标准。

开发安全策略需要在 NIST SP800-100、ISO/IEC 27001 和 ISO 15408 等标
准的指导下进行大量的工作和技能。对网络进行分段是一种很好的安全实践，
可以通过表 5.1 中强调的标准来创建，包括 BP1-CPNI、IEC 62351 和 NIST SP
800-82。

表 5.2 总结了一些 NERC CIP 标准，其中每个标准都描述了智能电网需要
解决的安全问题。例如，标准（NERC CIP001）讨论了破坏报告，其目的是为
向有关当局报告干扰或异常事件的最佳方式提供指导。此外，NERC CIP 002
描述了使用基于风险的评估方法识别和记录关键网络资产的正确方法。标准
NERC CIP 006 为安全专业人员提供了创建和维护物理安全控制的指导，包括
监控周边访问的过程、工具和步骤。

5.10.3　保护工业控制系统 / 监控和数据采集的规划阶段

编写一个全面的安全计划来保护工业控制系统 / 监控和数据采集系统不是
一件容易的事情，因为它涉及很多程序和步骤。信息技术安全专家必须与所有
利益相关方协调，为这个计划做准备，因为这是一项艰巨的任务，需要花费大
量的时间和精力，尤其是当从头开始时。该计划应精心准备、组织和管理，以
产生一个稳定的、高效的、实用的、可理解的、系统的结果，并获得工业控制
系统 / 监控和数据采集安全领域的最新知识（Stouffer et al. 2015）。

埃里克·贝瑞斯（Byres & Cusimano 2012）建议分七个阶段来为工业控制
系统 / 监控和数据采集系统开发新的安全计划，即评估现有系统、记录政策和
程序、培训员工和承包商、划分工业控制系统 / 监控和数据采集系统网络和安
全、控制访问工业控制系统 / 监控和数据采集系统、强化工业控制系统 / 监控
和数据采集系统的组件，以及监测和维护工业控制系统 / 监控和数据采集系统
的安全性。此外，这些阶段应该持续进行，其结果也应不断发展。例如，一旦
进入最后阶段，它可能会提出 / 发现问题，或者添加需要进一步被理解和评估
的新设备、系统或功能。因此，这一周期应该在相同的阶段上开始并以此类推
（Byres & Cusimano 2012）。

表 5.1 描述不同 ICS/SCADA 安全性主题的各种标准示例

	BP1-CPNI	IEC 62351	NIST SP 800-34	NIST SP 800-63	NIST SP 800-76	NIST SP 800-82	NIST SP 800-92	NIST SP 800-488 & SP 800-97	NIST SP 800-100	ISO/IEC 27001	ISO/IEC 27002	ISO/IEC 27006	ISO 19011	ISO 15408	ISO 19791	MAG-ERIT
访问控制	√			√		√	√			√	√			√	√	
资产分类和控制										√	√			√		√
企业延续性管理									√	√	√			√	√	
认证程序及审核									√	√		√	√	√	√	√
拨号调制解调器的访问	√															
传统IT和OT之间的区别（ICS/SCADA）						√										

续表

	BP1-CPNI	IEC 62351	NIST SP 800-34	NIST SP 800-63	NIST SP 800-76	NIST SP 800-82	NIST SP 800-92	NIST SP 800-48 & SP 800-97	NIST SP 800-100	ISO/IEC 27001	ISO/IEC 27002	ISO/IEC 27006	ISO 19011	ISO 15408	ISO 19791	MAG-ERIT
现场技术人员	∨															
ICS/SCADA 特性、威胁和漏洞						∨										
ICS/SCADA 安全控制（管理、操作、技术）						∨										
多连接到 ICS/SCADA 网络	∨															
网络架构安全	∨															
补丁管理策略	∨					∨										

续表

	BP1-CPNI	IEC 62351	NIST SP 800-34	NIST SP 800-63	NIST SP 800-76	NIST SP 800-82	NIST SP 800-92	NIST SP 800-48&SP 800-97	NIST SP 800-100	ISO/IEC 27001	ISO/IEC 27002	ISO/IEC 27006	ISO 19011	ISO 15408	ISO 19791	MAG-ERIT
物理和环境安全										√	√			√	√	
物理和逻辑DMZ	√					√										
远程访问密码方针	√															
安全方针									√	√	√			√		
分段（VLAN或物理）	√	√				√										
无线网络安全								√								

表 5.2 NERC CIP 各标准描述了智能电网需要解决的安全问题

	NERC CIP 001	NERC CIP 002	NERC CIP 003	NERC CIP 004	NERC CIP 005	NERC CIP 006	NERC CIP 007	NERC CIP 008	NERC CIP 009	NERC CIP 010	NERC CIP 011
损害报告	√										
关键网络资产		√									
安全管理控制			√								
人员与培训				√							
电子安全保护					√						
物理安全项目						√					
系统安全管理							√				

续表

	NERC CIP 001	NERC CIP 002	NERC CIP 003	NERC CIP 004	NERC CIP 005	NERC CIP 006	NERC CIP 007	NERC CIP 008	NERC CIP 009	NERC CIP 010	NERC CIP 011
事故报告与回应								√			
关键网络资产恢复计划									√		
大型电子系统网络系统分类										√	
大型电子系统网络系统保护											√

5.11　智能电网中的工业控制系统 / 监控和数据采集系统安全

今天传统电网正随着信息通信技术（ICT）技术能力的增加而现代化，例如更高水平的自动化、通信和先进的 IT 系统（Yilin et al. 2012）。这些现代化的发电站是建设信息物理系统（CPS）的体现之一，它们主要依靠传感器和数字系统，允许电力和通信数据以双向流动的方式传输，而不是传统电网的单向传输方式。一方面，这种双向通信允许实时或近距离提供电力和信息，这使得电力输送更加自动化，并创建了更先进的配电和输送网络（Fang et al. 2012）。另一方面，智能电网的这些现代化能力增加了更多的安全隐患，如 DoS、人为攻击与环境攻击，破坏了数据的机密性和完整性，甚至使电力服务完全不可用（Floriane et al. 2012）。其中一个安全担忧是，大多数智能电网信息通信技术和嵌入式设备都位于公用事业场所之外的不同距离位置，这使得它们很难得到保护（Tan et al. 2017）。

智能电网应该实现包括可用性、完整性和机密性（AIC）在内的三个三角安全目标。可用性是指确保及时、可靠地访问各种关键的智能电网操作和服务，如果不能做到这一点，将导致严重的中断，而这可能引起不同的问题，如断电。完整性目标是保持智能电网（SG）数据不被修改或破坏，以确保信息的不可否认性和合法性。机密性旨在设计、开发和管理一个紧凑的授权机制，用于访问智能电网功能、服务和信息，以防止不面向公众和个人的信息被非法暴露（Wanga & Lua 2013）。

历史上，存在着许多对智能电网的攻击，如 2015 年发生在乌克兰区域配电公司的电力服务中断事故，据报道这是由于工业控制系统 / 监控和数据采集系统遭到入侵，使得乌克兰各地约 225000 个客户停电数小时（Sullivan & Kamensky 2017）。

智能电网的新功能带来了安全问题，特别是在现场仪器与工业控制系统 / 监控和数据采集控制室之间的通信方面，这使人们认识到需要在这些远程仪器和工业控制系统 / 监控和数据采集主机平台之间提供安全加密和身份验证的数据交换。此外，工业控制系统 / 监控和数据采集被认为是智能电网中的一个关键的任务系统，任何由于直接或间接攻击所造成的中断都可能会导致相当大的电力灾难，包括经济损失、重要数据丢失、物理破坏，甚至可能导致人员伤亡

（Coates et al. 2010）。多项研究表明，工业控制系统／监控和数据采集系统的安全性仍然较弱，存在许多漏洞，如果不加以保护，可能会对公民和社会造成严重威胁（Luiijf et al. 2011）。

此外，智能电网中的相量测量单元（PMU）、广域测量系统、变电站自动化、先进计量基础设施（AMI）等现代技术主要依靠网络资源，这些网络资源极易受到攻击。过去的许多攻击事件表明，攻击者对工业控制系统／监控和数据采集系统常使用非常智能的攻击方法。许多国家承认，网络攻击针对的是关键的基础设施，特别是智能电网，因此，已经为技术、实践和程序制定了各种标准，这些标准用于指导如何保护监控和数据采集系统。此外，这些实践和程序考虑到了用户培训、主机访问以及当工业控制系统／监控和数据采集安全性被破坏时的应对方法（Schneider 2012）。

由美国政府问责局（GAO）进行的信息安全调查揭示了当前美国工业控制系统／监控和数据采集安全状态的弱点，北美电气可靠性公司（NERC）认可了这些调查的结果，并制定了法规要求，来帮助执行大部分电力系统特别是智能电网的基线网络的安全工作要求（Schneider et al. 2012）。

环境安全问题会影响工业控制系统／监控和数据采集系统的性能。工业控制系统／监控和数据采集控制室组件、数据中心设备和现场仪器应放置在过滤环境中，以避免可能影响内部电子部件的具有导电性的或磁性的灰尘。此外，必须控制和持续监测温度和湿度，以避免各种电子仪器受过热条件的影响。在工业控制系统／监控和数据采集基础设施中，应采用视觉和声音报警技术来触发任何不利的环境条件。工业控制系统／监控和数据采集控制室的供暖、通风和空调系统必须经过良好的设计、实现、监控和维护。另外，必须明智地规划消防控制系统，以避免引发错误或有害的后果。为工业控制系统／监控和数据采集控制室、数据中心和现场仪器提供稳定的电源是一个至关重要的方面。还需要安装应急发电机或／和不间断电源（UPS），以防止公共设施的电源出现故障。综上所述，必须保护现代智能防火和暖通空调系统免受网络攻击（Stouffer et al. 2015）。

5.12 结论

本章讨论了尽可能保护工业控制系统／监控和数据采集系统的重要性。信息物理系统有许多应用程序，包括关键的基础设施组织，如智能电网。此外，还讨论了保持智能电网安全的重要性，否则将会产生巨大的负面影响。智能电网的运行使用工业控制系统／监控和数据采集系统进行监控和控制，该系统也必须受到保护。工业控制系统／监控和数据采集系统的安全性必须通过提供包括可用性、完整性和机密性在内的最优目标来实现。本章还讨论了采取正确的和适当的安全对策以实现工业控制系统／监控和数据采集系统目标的安全性。另外，本章还介绍了一些安全需求，以及如何在集成信息技术和操作技术环境中应用这些需求。最后，介绍了在智能电网环境下为工业控制系统／监控和数据采集系统设计、实现和维护安全程序的各个步骤。

参考文献

Aditya, S. G. P. M. (2015). *Aligning cyber-physical system safety and security*. iTrust—Center for Re-search in Cyber Security, Singapore University of Technology and Design.

Alcaraz, C., Fernandez, G., & Carvajal, F. (2012). Security aspects of SCADA and DCS environments. *Critical Infrastructure Protection*, 120–149.

Alcaraz, C., & Zeadally, S. (2015). Critical infrastructure protection：Requirements and challenges for the 21st century. *International Journal of Critical Infrastructure Protection*, *8*, 53–66.

Ali, S., Anwar, R. W., & Hussain, O. K. (2015). Cyber security for cyber-physical systems：A trust based approach. *Journal of Theoretical and Applied Information Technology*, *71*, 144–152.

Alshami, E., Albustani, H., & Melhem, M. (2008). Using supervisory control and data acquisition (SCADA) system in the management of a diesel generator. *Tishreen University Journal for Research and Scientific Studies—Engineering Sciences Series*, *30*, 1–27.

Amin, S., Schwartz, G., & Hussain, A. (2013). In quest of bench-marking security risks to cyber-physical systems network. *IEEE*, *27*, 19–24.

Babu, B., Ijyas, T., Muneer, P., & Varghese, J. (2017). Security issues in SCADA based industrial control systems. In *2nd International Conference on Anti-Cyber Crimes* (ICACC)(pp. 47–51).IEEE.

Barbosa, R. R. R., Sadre, R., & Pras, A. (2013). Flow whitelisting in SCADA networks. *International Journal of Critical Infrastructure Protection*, *6*, 150–158.

Bhatt, S., Manadhata, P. K., & Zomlot, L. (2014). The operational role of security information and event management systems. *IEEE Security and Privacy*, *12*, 35–41.

Byres, E., & Cusimano, J. (2012). *7 Steps to ICS and SCADA security*.(1st ed.).

Tofino Security, exida Consulting LLC.

Byres, E., Leversage, D., & Kube, N. (2007). Security incidents and trends in SCADA and process industries. *The Industrial Ethernet Book*.

Cárdenas, A. A., Amin, S., Sinopoli, B., Giani, A., Perrig, A., & Sastry, S. (2009). Challenges for securing cyber physical systems.

Cabinetoffice-UK. (2014). Government security classifications. UK: www.gov.uk.

Chae, H., Shahzad, A., Irfan, M., Lee, H., & Lee, M. (2015). Industrial control systems vulnerabilities and security issues and future enhancement. *Advanced Science and Technology Letters*, *95* (CIA 2015), 144–148.

Chandia, R., Gonzalez, J., Kilpatrick, T., Papa, M., & Shenoi, S. (2008). Security strategies for SCADA networks. In: E. Goetz & S Shenoi (Eds.), *Critical infrastructure protection*. Boston, MA: Springer US.

Charalambos, K., Michail, M., Fareena, S., Shiyan, H., Jim, P., & Yier, J. (2015). Cyber-physical systems: A security perspective. In *2015 20th IEEE European Test Symposium (ETS)*. IEEE European Test Symposium (ETS).

Coates, G. M., Hopkinson, K. M., Graham, S. R., & Kurkowski, S. H. (2010). A trust system architecture for SCADA network security. *IEEE Transactions on Power Delivery*, *25*, 11.

D'arcy, J., Hovav, A., & Galletta, D. (2008). User awareness of security countermeasures and its impact on information systems misuse: A deterrence approach. *Information Systems Research*, 1–20.

Darktrace. (2015). Cyber security for corporate and industrial control systems. *Darktrace Industrial Immune System Provides Continuous Threat Monitoring for Oil & Gas, Energy, Utilities, and Manufacturing Plants*. USA: Darktrace Limited. www.darktrace.com.

Dell. (2015). 2015 Dell security annual threat report. In D. Inc (Ed.) USA.

DHS-USA. (2011). Catalog of control systems security: Recommendations for standards developers. In *Control Systems Security Program*. USA: U.S. Department of Homeland Security.

Evans, L. (2016). Protecting information assets using ISO/IEC security standards. *Information Management*, *50*, 28.

Fang, X., Misra, S., Xue, G., & Yang, D. (2012). Smart grid—The new and improved power grid: A survey. *IEEE Communications Surveys & Tutorials*, *14*, 944–980.

Fielding, A. H. (2015). *Physical security for industrial assets* [Online]. International Society of Automation (ISA). Available: https://www.isa.org/intech/20151003/. Accessed 2016.

Florian, S., Zhendong, M., Thomas, B., & Helmut, G. (2012). A survey on threats and vulnerabilities in smart metering infrastructures. *International Journal of Smart Grid and Clean Energy (SGCE)*, *1*, 7.

Fovino, I. N. (2014). SCADA system cyber security. In *Secure smart embedded devices, platforms and applications*. Springer.

Galloway, B., & Hancke, G. P. (2013). Introduction to industrial control networks. *IEEE Communications Surveys and Tutorials*, *15*, 860–880.

Gao, J., Liu, J., Rajan, B., Nori, R., Fu, B., Xiao, Y., Liang, W., & Chen, C. L. P. (2013). SCADA communication and security issues. *Security and Communication Networks* [Online], *7*.

Graham, J., Hieb, J., & Naber, J. (2016). Improving cybersecurity for Industrial Control Systems.Paper presented at the 25th IEEE International Symposium on Industrial Electronics, Santa Clara, USA. 618–623.

Green, M. (2001). The psychology of warnings. *Occupational Health and Safety Canada*, 30–38.

Group, P. A. C. (2015). Security for industrial control systems improve awareness and skills a good practice guide.Available：https://www.ncsc.gov.uk/content/files/protected_files/guidance_files/SICS%20-%20Improve%20Awareness%20and%20Skills%20Final%20v1.0.pdf.

Hentea, M. (2008). Improving security for SCADA control systems. *Interdisciplinary Journal of Information, Knowledge, and Management*, *3*, 73–86.

Homeland-Security. (2009). Department of Homeland Security：Cyber security procurement language for control systems. In *Control system security program*. USA：Homeland Security.

ICTQatar. (2012). Controls for the security of critical industrial automation and control systems guidelines. In Q. N. I. Assurance (Ed.). Qatar：Qatar National Information Assurance.

Ida, N. (2014). *Sensors, actuators, and their interfaces：A multidisciplinary introduction*. SciTech Publishing Incorporated.

IEC, I. E. C. (2016). *IEC TC57 WG15：IEC 62351 security standards for the power system information infrastructure*. National Association of Regulatory Utility：Xanthus Consulting International.

Jokar, P., Arianpoo, N., & Leung, V. (2016). A survey on security issues in smart grids. *Security and Communication Networks*, *9*, 262–273.

Khurana, H., Hadley, M., Lu, N., & Frincke, D. A. (2010). Smart-grid security issues. *IEEE Security & Privacy*, 81–85.

Kim, K.-D., & Kumar, P. R. (2013). An overview and some challenges in cyber-physical systems. *Journal of the Indian Institute of Science*, *93*, 10.

Knapp, E. D., & Langill, J. T. (2014). *Industrial network security：Securing critical infrastructure networks for smart grid, SCADA, and other industrial control systems*. Syngress.

Knowles, W., Prince, D., Hutchison, D., Disso, J. F. P., & Jones, K. (2015). A survey of cyber security management in industrial control systems. *International Journal of Critical Infrastructure Protection*, *9*, 52–80.

Krotofil, M., & Gollmann, D. (2013) . Industrial control systems security: What is happening? In *11th IEEE International Conference on Industrial Informatics* (*INDIN*), *2013* (pp. 670–675) .IEEE.

Kucuk, S., Arslan, F., Bayrak, M., & Contreras, G. (2016) . Load management of industrial facilities electrical system using intelligent supervision, control and monitoring systems. In *2016 International Symposium on Networks, Computers and Communications* (*ISNCC*), 2016 (pp. 1–6) . IEEE.

Kui, R., Zuyi, L., & Robert, C. Q. (2011) . Guest editorial cyber, physical, and system security for smart grid. *IEEE Transactions On Smart Grid*, *2*.

Kuzlu, M., Pipattanasomporn, M., & Rahman, S. (2014) . Communication network requirements for major smart grid applications in HAN, NAN and WAN. *Computer Networks*, *67*, 74–88.

Laing, C., BADII, A., & Vickers, P. (2012) . *Securing critical infrastructures and critical control systems: Approaches for threat protection: Approaches for threat protection.* IGI Global.

Larkin, R. D., Lopez Jr, J., Butts, J. W., & Grimaila, M. R. (2014) . Evaluation of security solutions in the SCADA environment. *ACM SIGMIS Database*, *45*, 38–53.

Lee, R. M., Assante, M. J., & Conway, T. (2015) . ICS CP/PE (cyber-to-physical or process effects) case study paper—German Steel Mill cyber attack. In SANS, I. C. S. (Ed.). SANS-ICS.

Leszczyna, R., Egozcue, E., Tarrafeta, L., Villar, V. F., & Alonso, J. (2011) . Protecting industrial control systems. European Network and Information Security Agency (ENISA) .

Luiijf, E., Ali, M., & Zielstra, A. (2011) . Assessing and improving SCADA security in the Dutch drinking water sector. *International Journal of Critical Infrastructure Protection*, *4*, 124–134.

Mo, Y., Kim, T.-H., Brancik, K., Dickinson, D., Lee, H., Perrig, A., et al. (2012) . Cyber–physical security of a smart grid infrastructure. *Proceedings of the IEEE*, *100*, 195–209.

Moscatelli, A. (2011) . From smart metering to smart grids: PLC technology evolutions. In *15th IEEE International Symposium on Power Line Communications and its Applications*. University of Udine in Italy.

Niles, S. (2004) . *Physical security in mission critical facilities*. Schneider Electric White Paper 82, Revision 2.

NIST. (2011) . Guide to industrial control systems (ICS) security. *Recommendations of the National Institute of Standards and Technology*. USA: U.S. Department of Commerce.

NIST. (2015) . Guide to industrial control systems (ICS) security. *NIST Special*

Publication 800-82Revision 2. USA: National Institute of Standards and Technology.

NIST.（2016）. Framework for cyber-physical systems. National Institute of Standards and Technology.

Park, S., & Lee, K.（2014）. Advanced approach to information security management system model for industrial control system. 348305. Available: https://www.ncbi.nlm.nih.gov/pmc/articles /PMC4129153/.

Rajkumar, R. R., Lee, I., Sha, L., & Stankovic, J.（2010）. Cyber-physical systems: The next computing revolution. In *Proceedings of the 47th Design Automation Conference*（pp. 731–736）.ACM.

Ralston, P. A. S., Graham, J. H., & Hieb, J. L.（2007）. Cyber security risk assessment for SCADA and DCS networks. *ISA Transactions*, *46*, 583–594.

Ramachandruni, R. S., & Poornachandran, P.（2015）. Detecting the network attack vectors on SCADA systems. In *International Conference on Advances in Computing, Communications and Informatics*（*ICACCI*）（pp. 707–712）. IEEE.

Sanders, C., & Smith, J.（2013）. *Applied network security monitoring: Collection, detection*, an*d analysis*. Elsevier.

Sanislav, T., & Miclea, L.（2012）. Cyber-physical systems-concept, challenges and research areas. *Journal of Control Engineering and Applied Informatics*, *14*, 28–33.

Schneider, E.（2012）. SCADA systems. *Telemetry & Remote SCADA Solutions* [Online]. Available: https://www.schneider-electric.com.au/en/product-category/6000-telemetry-andremote-scada-systems/. Accessed September, 2016.

Shahzad, A., Musa, S., Aborujilah, A., & Irfan, M.（2014）. The SCADA review: System components, architecture, protocols and future security trends. *American Journal of Applied Sciences*, *11*, 1418.

Shuaib, K., Trabelsi, Z., Abed-Hafez, M., Gaouda, A., & Alahmad, M.（2015）. Resiliency of smart power meters to common security attacks. *Procedia Computer Science*, *52*, 145–152.

Sridhar, S., Hahn, A., & Govindarasu, M.（2012）. Cyber-physical system security for the electric power grid. *Proceedings of the IEEE*, *100*, 14.

Stouffer, K., Falco, J., & Scarfone, K.（2013）. Guide to industrial control systems（ICS）security. *National Institute of Standards and Technology*（*NIST*）. U.S. Department of Commerce, NIST Special Publication 800–82.

Stouffer, K., Pillitteri, V., Lightman, S., & Hahn, A.（2015）. Guide to industrial control systems（ICS）security—Revision 2. In N. S. P.（Ed.）, 800–82. United States of America.

Sullivan, J. E., & Kamensky, D.（2017）. How cyber-attacks in Ukraine show the vulnerability of the US power grid. *The Electricity Journal*, *30*, 30–35.

Tan, S., De, D., Song, W.-Z., Yang, J., & Das, S. K.（2017）. Survey of security advances in smart grid: A data driven approach. *IEEE Communications Surveys & Tutorials*,

19, 397–422.

Thomas, M. S., & McDonald, J. D. (2015). *Power system SCADA and smart grids.* Boca Raton: FL, CRC Press.

Valenzano, A. (2014). Industrial cybersecurity: Improving security through access control policy models. *IEEE Industrial Electronics Magazine*, *8*, 6–17.

Wanga, W., & Lua, Z. (2013). Cyber security in the smart grid: Survey and challenges. *Elsevier*, *57*, 1344–1371.

Wu, F.-J., Kao, Y.-F., & Tseng, Y.-C. (2011). Review From wireless sensor networks towards cyber physical systems. *Pervasive and Mobile Computing*, *7*, 397–413.

Yan, Y., Qian, Y., Sharif, H., & Tipper, D. (2013). A survey on smart grid communication infrastructures: Motivations, requirements and challenges. *IEEE Communications Surveys & Tutorials*, *15*, 5–20.

Yilin, M., Tiffany, H.-J. K., Kenneth, B., Dona, D., Heejo, L., Adrian, P., et al. (2012). Cyber-physical security of a smart grid infrastructure. *IEEE*, *100*, 15.

第 6 章
信息物理系统的嵌入式系统安全

嵌入式系统已经成为当今技术时代的核心部件。嵌入式系统是专门为执行特定任务而设计的硬件和软件的组合。它们可以控制当今使用的许多通用系统，这些系统在交通、医疗保健、通信等领域得到了广泛应用。嵌入式系统也获得了使用互联网的功能特性，这就是通常所说的信息物理系统（cyber-physical systems，CPSs）。本章旨在研究嵌入式系统和信息物理系统之间的相互关系，还研究了这两个系统的关键安全领域，并突出了两个系统在其复杂的性质、有效运作的权衡，以及信任与信誉方法等方面的一些挑战和差距。

6.1 简介

嵌入式系统可以广泛地定义为由所需的计算机硬件组成的系统，该硬件使用编码软件来执行指定的任务（Kamal 2008）。使用嵌入式系统时需要输入一定的数据，随后基于此执行给定的操作以获得所需的输出。因此，嵌入式系统与传统或经典系统类似，是现代信息技术时代最重要的组成部分之一。如今嵌入式系统广泛应用于医疗保健（Lee et al. 2006）、交通运输（Navet & Simonot–Lion 2008）、情报（Alippi 2014）、通信（Segovia 2012）、控制（Zometa et al. 2012）、治理（Shukla 2015）等领域，由此可见以上陈述的确属实。嵌入式系统的应用使得以上领域实现了现代化和电子化，如此成就在几十年前是难以实现的。由于嵌入式系统的不断进步，它已经成为人类生活不可分割的一部分（Jalali 2009）。目前，95% 以上的芯片都是为嵌入式系统生产的（Sifakis 2011；Ma et al. 2007），这一事实进一步凸显了其重要性。2014 年销售了 120 亿台先进的 RISC 机器（ARM）芯片，这再次说明了嵌入式系统得到了广泛使用和生产（PLC 2014）。嵌入式系统的使用现已扩展到家电（Nath & Datta

2014）、汽车、机器人、飞机、手机等产品领域。

　　从物理上讲，嵌入式系统是一种小型计算机，由微处理器和小型只读存储器（ROM）以及一些基于应用程序的基本外设组合而成。嵌入式系统是专门为某种应用程序设计的从而满足客户的需求。嵌入式系统的功能是通过代码编写进而执行预期的任务，其概念始于1960年阿波罗制导计算机的发展（Hall 1996）。不到一年，嵌入式系统开始大规模生产D17"民兵式导弹"（Timmerman 2007），十年后第一台嵌入式计算机，英特尔公司以及4位微处理器问世。早期，嵌入式系统通常是反应式系统，只执行一项任务，不涉及更新或与其他系统交互。随着技术的进步，嵌入式系统能够与其他系统相互连接，形成分布式和并行系统（Sharp 1986）。这些系统能够执行更广泛、更高效的任务。后来，通过实施广泛互联，"无处不在、随时随地"的概念在20世纪90年代由维泽尔（1991）和戴维斯与格尔森（2002）提出。这种引入导致了嵌入式系统的广泛应用，它们也被称为无所不在的系统。十年来，嵌入式系统获得了使用互联网工作的功能，术语"信息物理系统"已经出现。

　　"信息物理系统"这个术语是由美国国家科学基金会（NSF）的海伦·吉尔于2006年创造的（Gunes et al. 2014；Lee & Seshia 2014）。从那时起，这一领域便有了各种各样的进展，有了新的突破，达到了新的高度。就像它的前身嵌入式系统一样，它在医疗保健（Lee & Sokolsky 2010）、运输（Wasicek et al. 2014；Osswald et al. 2014）、电力（Sridhar et al. 2012；Ashok et al. 2014）、控制（Backhaus et al. 2013；Parolini et al. 2012）、通信（Fink et al. 2012）等领域获得了普及。显而易见，信息物理系统正在各个关键领域内广泛应用，并组成了关键的基础设施（Das et al. 2012；Miller 2014）。由于信息物理系统现已成为社会的关键组成部分，其安全性成为其平稳和安全运行的主要焦点。过去发生的导致财务危机、财产损失、机密泄露和 / 或生命损失的安全故障验证了其重要性。对医疗信息物理系统的攻击可能导致致命后果（Talbot 2012；Mitchell & Chen 2015；Halperin et al. 2008）；对监控和数据采集系统的攻击也导致了故障（Zhu et al. 2011a），例如，震网病毒（Farwell & Rohozinski 2011）；对运输和航空的攻击导致机器失控和混乱（Denning 2000；Pike et al. 2015），例如波兰的电车脱轨（Leyden 2008）；对供水或管道系统等公共行业的攻击会导致系统致命的组件故障和事故（Slay & Miller 2008；Tsang 2010），例如俄罗斯的天然气管道事故（Quinn-Judge 2002）；对关键基础设施的攻击会导致一个城市或国家完全陷入瘫痪（Baker et al. 2009），例如，黑客切断城市的电力供应进行勒索（Greenberg 2008）；最近，对智能电网的攻击则造成停电和其他损失（Conti 2010）。从上述例子中，我们不难认识到以上问题对信息物理系统领域威胁的严重性，信息物理系统本身的安全性构成了本书的基础。本章讨论了嵌入式系统和安全性的概念，并描述了其与信息物理系统的关系以及所涉及的挑战。

6.2　信息物理系统中的嵌入式系统

信息物理系统是基于嵌入式系统而形成的。本节讨论了这两个实体之间的关系。马威德尔在他的书中清楚地表明，嵌入式系统是信息物理系统的支柱（Marwedel 2010）。该书完全致力于使用嵌入式系统设计信息物理系统，并讨论了与信息物理系统设计相关的要求、挑战、约束、应用、软件编码以及所有其他概念。本书还提供了关于安全性的适度描述，并讨论了硬件和软件要求。帕尔文等人在他们对信息物理系统的研究中认识到，信息物理系统建立在嵌入式系统和传感器网络等学科的研究基础之上（Parvin et al. 2013）。

李在 2010 年将信息物理系统描述为信息和物理领域的交集，而不仅仅是一个结合。嵌入式系统不再被用于特定的用途，这些用途是一次性设计的并且在应用中不灵活。构成信息物理系统的现代嵌入式系统是具有更多电子、网络和物理过程的大型系统。他的研究中涉及对物理组件进行信息化并使系统的信息部分物理化。

2012 年，布罗伊等人（2012）、布罗伊和施密特（2014）将信息物理系统定义为"嵌入式系统与互联网等全球网络的集成"，这是信息物理系统被确定为网络化嵌入式系统的第一步。作者列出了其他技术，如互联网业务、射频识别（RFID）、语义网以及安卓操作系统、火狐浏览器等应用，以此作为信息物理系统的推动力。

马古拉努等人（2013）将信息物理系统定义为"通过有线／无线连接链接的大规模分布式异构嵌入式系统"，后来又定义为"嵌入式分布系统"。

夏等人（2011）认识到了 IEEE 80.15.4 协议在信息物理系统中的可行性，并采用两种不同的模式对其进行了性能评估。他们将信息物理系统描述为网络嵌入式系统，它将虚拟世界的计算和通信与现实世界的联系起来。信息物理系统和嵌入式系统之间的主要区别在于，前者可以是无线传感器和执行器网络（WSAN）的大型系统，而后者只能是无线传感器网络（WSN）系统。评估表明，默认配置不能产生最佳性能，因此信息物理系统需要自己的配置；在未来，信息物理系统可能需要定义新标准。

斯托梅诺维奇（2014）表示"非网络化嵌入式系统的控制技术是非物联网的信息物理系统示例"，因为信息物理系统与控制系统相关，所以信息物理系统也可以定义为计算、通信和控制过程的集成。该领域研究人员目前的任务是通过将软件和网络与物理环境相集成，来构建嵌入式系统。

巴特拉姆等（2015）关注的是信息物理系统生产和设计期间使用的协议。两者之间的显著差异在于，嵌入式系统是深深植入环境中的小型计算设备，因此它们的存在往往是未知的，而信息物理系统将环境考虑在内，所以强调其比嵌入式系统大得多的尺寸。

萨尼斯拉夫和米克雷（2012）对信息物理系统进行了明确的区分。信息物理系统不是传统的嵌入式系统、实时系统，抑或是传感器网络和桌面应用程序，而是以上各种的独特集成。信息物理系统的主要特征如下：

- 它具有网络能力；
- 它是大规模网络化的；
- 它是动态的且可重新配置的；
- 与嵌入式系统相比，其自动化程度更高；
- 它执行更多的计算和命令；
- 它具有集成化程度更高的网络和物理组件。

6.2.1 演变

最早讨论嵌入式系统向信息物理系统转变的论文之一是李于2008年发表的（Lee 2008）。论文描述了信息物理系统的设计挑战。他声称，与通用计算相比，嵌入式系统过去一直保持高可靠性和可预测性标准。向信息物理系统的转变只会导致对系统可靠性和可预测性的期望进一步提高。

2011年，万等人（2011）和史等人（2011）解释了嵌入式系统与信息物理系统之间的关系。虽然两个术语可互换使用，但他们列出了与嵌入式系统和无线传感器网络相比，信息物理系统的七大进步。他们通过列举在美国、欧洲、中国、韩国等地开展的各种基金项目，证明了这些系统的重要性。他们还讨论了能源管理、网络安全、数据传输管理、模型设计、控制技术和资源分配等问题。

金等人（Kim & Kumar 2012）在 2012 年强调，嵌入式系统是信息物理系统的基本组成部分，因为它用于分布式传感、计算和各种通信介质、级别和算法的控制。作者将信息物理系统称为网络化嵌入式系统。文章还列出了与嵌入式系统和信息物理系统相关的各种项目，以及信息物理系统中的安全挑战和应用。

万等人（2013）研究了从机对机（M2M）通信到信息物理系统的技术转换。他们对信息技术的这一概念提出了广泛的看法，并将信息物理系统，无线传感器网络和机对机（M2M）归入物联网的范畴。信息物理系统被认为是物联网的最高级别之一，并且随着嵌入式系统领域的发展而发展。他们讨论了云计算、无人驾驶车辆、车载自组织网络（VANET）、移动代理、分布式实时控制等应用。

古普塔等人（2013）对信息物理系统的潜力进行了研究，并就这一技术的未来发展发表了论文。嵌入式系统技术被认为是信息物理系统技术的主要贡献者之一，因为它不仅提供硬件，还提供软件、建模和设计工具。作者还描述了信息物理系统的特性和应用前景。

古尔根等人（2013 年）在他们关于智能建筑自我感知信息物理系统的出版物中，提出了许多关于自我管理的信息物理系统的建议。其中，他们指出信息物理系统的基础研究来自包括嵌入式系统在内的各个领域。一些特性，如鲁棒性、可靠性、可信性、有效性和正确性，将从嵌入式系统技术中派生出来。

在巴尔托奇等人的文章中（2014），信息物理系统被称为下一代嵌入式系统，文章还讨论了信息物理系统的理论和实践挑战。过去专注于设计优化的嵌入式系统已经将重点转移到计算设备和物理环境之间的复杂联盟和交互，这导致了信息物理系统的形成。

李（2015c）讨论了信息物理系统的过去、现在与未来，卡萨来 – 罗西等人（2015）讨论了欧洲电子和半导体的未来。这两个研究团队再次观察到，这两个术语可以互换使用，表明随着时间的推移，基本的嵌入式系统已被信息物理系统所掩盖和吞没，现在这两个术语的概念几乎相同。与此相反，格林伍德等人（2015）以清晰的方式展示应如何区分嵌入式系统和信息物理系统。他们将嵌入式系统定义为"终端用户不知道计算机存在的信息处理系统"，而信息物理系统是将计算资源物理世界紧密联系在一起的嵌入式系统。格林伍德在论文中进一步阐述了信息物理系统的定义（Greenwood et al. 2015）。

莫斯特曼和赞德在一篇论文中对嵌入式系统的转型和成熟进行了良好的分析和研究（Mosterman & Zander 2015）。转型分三步，从网络嵌入式系统开始，到系统的范式转换，最后是信息物理系统的形成。文章的后半部分描述了信息物理系统的设计和功能中涉及的挑战和软件。

6.2.2　建模和设计

2008 年，在信息物理系统的初始阶段，谭等人（2008）提出了信息物理系统的原型架构。作者提到，当前嵌入式系统和网络世界的技术整合在一起形成了信息物理系统，解释了嵌入式系统和信息物理系统之间的基本差距，并提供了信息物理系统的原型架构。建模或设计此类系统要求保持组件之间一致性的全局参考时间。系统必须是事件 / 信息驱动的，并且有资格在组件和系统之间建立信任。这些系统必须根据信息物理系统的兴趣和目标、行动加控制法则以及新的网络技术来发布 / 订阅方案，以使这些系统能够平稳运行。

库巴和安德森于 2009 年给出了互联网与嵌入式系统之间的关系。互联网用于连接计算机和共享数字数据，而嵌入式系统则用于实时控制系统，两者的结合形成了信息物理系统。他们通过介绍其设计要求和局限性来讨论信息物理互联网的概念。协议栈架构由六层组成：物理层、数据链路层、网络层、传输层、应用层和网络物理层。面临的挑战包括操作这些新系统、设计新的网络协议、实时操作、有效性能以及收集和生成的所有信息的数据聚合。

李（2006，2007，2008）讨论了信息物理系统的设计挑战。嵌入式系统被认为是信息物理系统的基本构件。为了进入信息物理系统领域的研究，建议重建计算和网络抽象。塞姆和罗（2013）对智能电网环境下购电预测决策的可行性进行了卓有成效的研究。他们研究了智能电网信息物理系统（SG–CPS）并检测了两种优化方法，并注意到预测的性能在执行时间和内存需求方面有所改善。对于这类信息物理系统，他们实现了基于高级精简指令集机器（ARM）的嵌入式系统。

卡尔诺斯科斯等人（2014）提出了一种基于云的工业信息物理系统方法。信息物理系统中的多核处理、线程、片上存储等先进功能被认为是嵌入式系统的一些主要进步，融合云和信息物理系统有望进一步推动该领域的发展。他们称这种融合为"物联云"。

为了模拟和控制信息物理系统，布若里亚努和麦凯（2014）提出了一个基于复杂科学的框架。嵌入式系统被认为是早期作品之一，而信息物理系统的基础已经通过这种范式进行了研究，并讨论了建模、控制和各种抽象的概念。

一旦执行了信息物理系统的设计和建模，就会进入确认和验证阶段，这是郑等人的论文的研究成果（2014）。为了了解现有的技术水平，他们使用了三种方法，即与研究人员进行问卷调查、采访信息物理系统开发人员以及做文献综述。调查的一个问题是关于信息物理系统和嵌入式系统之间的差异。信息物理系统被许多人定义为嵌入式系统，其中还包括几乎不存在的网络、安全和隐私、云计算以及大数据。虽然研究人员多次交替使用这两个术语，但开发人员对这两者有明显区分。

约翰逊等人（2015）解决了信息物理系统中的规范不匹配问题。他们指出，嵌入式系统正变得越来越复杂，从而发展为信息物理系统。嵌入式系统软件仍被用于设计和构建信息物理系统。研究人员已经确定了各种研究和技术，可以通过修改这些软件来弥合这两个概念之间的差距，从而解决信息物理系统规范中的不匹配问题。同时，他们还为这一目的研究了一种新的方法和工具。

6.2.3　工具和语言

李（2006，2007，2008）研究了当前的技术水平和需求，指出了嵌入式系统网络化，在其中添加操作系统（OS）以及对传感器和执行器的多个实时输入和输出反应方面的挑战。论文中他提到了包括 TinyOS 和 netC 等在内的一些工具，还介绍了信息物理系统的四层抽象，包括 FPGS、ASIC 和微处理器等硬件以及 Java、C++ 和 VHDL 等编程语言。这些层级是任务级模型、程序级、可执行级和硅芯片级。他进一步研究了这一领域，并在书中将研究工作全面地展示出来（Lee & Seshia 2014）。另一篇关于信息物理系统工具的论文由周等人撰写，论文讨论了硬件和软件设计工具，将嵌入式系统的工具确定为设计任何信息物理系统的基础，比较了用于设计 PCB 的 ALLEGRO、PROTEl 和 PADS 等工具（2014）。文中讨论的其他硬件工具包括 Proteus、Keil、ARM ADS、RealView MDK、Multi 2000、Quartus Ⅱ、LabView 和 Multisim，同时如上所述的一些嵌入式操作系统也有涉及。因为网络是信息物理系统的重要组成部分，所以该文还深入解释了网络分析和仿真工具，罗列并比较了 Ns–2、OMNeT ++、OPNET、SPW、J–sim、GloMosim 和 SSFnet 等工具。文中还涉及的其他工具是用于实时行为的软硬件协同设计工具和特定领域的工具。

艾德森等人（2012）试图解决信息物理系统演变中的一个挑战，即信息物理系统的设计。他们研究了 Ptolemy 软件的使用，该软件是为加州大学伯克利分校（Lee 2015a，b；Ptolemaeus 2014）的嵌入式系统建模仿真和设计而开发的，用于设计信息物理系统。文章还讨论了 Ptolemy Ⅱ 软件的 PTIDES 扩展及其在信息物理系统建模中的应用。该模型是一个事件驱动的程序，讨论的应用是电厂控制。

马古拉努等人（2013）讨论了用于建模嵌入式系统的统一建模语言（UML），该语言也用于建模信息物理系统。作者使用 UML，介绍了其各种规范如 Z 和 PVS 及其差异，对信息物理系统（CPS）的建模和验证进行了很好的研究。最后，他们讨论了 UML 中静态属性的验证，其中提到了两个规范。

万等人（2013）认为，尽管 MATLAB 和 Truetime 等工具可用于嵌入式系统设计，但对于信息物理系统设计来说，它们并不令人满意，因此需要一些改进和创新。

为了设计用于能源管理和控制的信息物理系统，莫利纳等人（2014）进行了一个名为 SmartCode 的项目。在描述信息物理系统的复杂性时，作者使用基于模型的方法使用 System C 工具设计分布式嵌入式信息物理系统。

帕尔曼等人使用 Modelica 语言研究了信息物理系统的设计（Pohlmann et al. 2014）。他们表示信息物理系统是许多单独系统的协作形式，而嵌入式系统是单独运行的系统。他们为信息物理系统中的协作和协调活动提出并创建了新的模式，可以重复用于各种应用程序。

6.2.4　应用

库巴和安德森讨论了融合到信息物理系统中的无线传感器网络、无线射频识别（RFID）、ZigBee、移动电话等技术（2009）。

拉伊库马尔等人（2010）发现了信息物理系统的潜力并在 2010 年公布了他们的发现。他们将信息物理系统描述为嵌入式系统、实时系统、分布式传感器系统和控制的组合。他们描述了信息物理系统在先进电网、更好的灾难响应和恢复以及各种辅助设备中的一些主要应用。

奥斯瓦尔德等人（2014）展示了他们为汽车设计的信息物理系统原型。他们认识到自 1968 年大众汽车公司推出嵌入式系统以来，嵌入式系统在汽车中得到广泛应用。他们表示："嵌入式系统是执行特定任务的封闭系统，现在他们正面临着将这些设备转变为互联网络的挑战。"作者提出将人融入信息物理系统周期中以获得更好的性能。

凯勒等人（2014）将他们的研究引向智能家居，这也与能源管理有关。他们提出了双重现实方法，使用户能够通过同步在物理和虚拟世界中执行类似的操作。他们解释说，信息物理系统是网络兼容的嵌入式系统，可旨在为特定问题提供一体化解决方案。双重现实方法解决了两个世界之间易用性、灵活性和相互作用的问题，从而提高了生活质量。

6.3　演变中的挑战

将系统连入网络使得嵌入式系统转换为信息物理系统，这是当前技术时代的需求。网络将计算和控制功能暴露给外部世界，而之前此功能一直局限于系统内部。

2008 年李描述了信息物理系统的设计挑战（Lee 2008）。在前面的部分中，我们已经讨论了在嵌入式系统中维护和提高可靠性和可预测性的挑战。另一个挑战是在 6.2 节中讨论过的抽象概念的重建。维持系统实时执行应用程序的命令和动作则是另一个挑战。将关键基础架构升级需要进行大量的测试和验证，否则可能会导致灾难。同年，波纳克达尔普尔（2008）发表了一篇论文，讨论了从嵌入式系统向信息物理系统转变时会遇到的难题。这些困难中的一部分涉及形式化方法的可扩缩性、抽象性、容错性、混合性和实行性。

正如拉伊库马尔等人所指出的，与嵌入式系统相关的主要挑战之一是信息的实时抽象（2010）。由于信息物理系统依赖于分布式网络，系统中所有设备之间的时间同步对于系统的可行性非常重要。他们还提到，必须设计新的架构模式、层次结构、理论、协议、语言和工具，以获得最有效的信息物理系统（Rajkumar et al. 2010）。

布罗伊等人（2012）和布罗伊、施密特（2014）在其出版物中介绍了信息物理系统即将面临的挑战。为了演示嵌入式系统向信息物理系统的演变，他们以车辆制动系统作为典型案例。信息物理系统面临的挑战分为技术和社会两个方面。这些挑战包括人与系统的协作、集成工具和系统、质量和工程标准的扩展、新技术的接受度、信息物理系统的经济和研究方面的兴趣。布罗伊在 2013 年（Broy 2013）从工程角度描述了这些挑战，将信息物理系统描述为"嵌入式系统与网络空间的结合"。信息物理系统面临的主要挑战是将嵌入式系统的特性（如实时性、可靠性和功能安全性）与互联网的开放性以及互联网减少的可用性和可靠性相结合。

拉奇蒂和马德姆·德黑兰（2013）在考虑更高安全性部署的硬件限制时，将信息物理系统视为嵌入式系统，因为这些系统必须保持廉价才能满足大规模生产的标准。

菲茨杰拉德等人（2014）在 2014 年进行了一项全面的工作，讨论了从嵌入式系统向信息物理系统转变时的挑战和方向，并证明了嵌入式系统的巨大市场规模。信息物理系统再次被描述为具有网络功能的嵌入式系统。作者提出了一篇很好的背景文献，讨论了信息物理系统和分布式计算的协同仿真。该领域的五个主要研究方向是信息物理系统建模、信息物理系统属性验证、稳健信息物理系统设计、信息物理系统控制以及确保安全的信息物理系统。

奥斯瓦尔德等人（2014）指出，汽车信息物理系统的主要挑战之一是系统中各种设备的大规模互联，这在嵌入式系统中是看不到的。大规模导致系统出现各种各样的可能状态，因此难以验证所有的状态。此外，系统内任何设备的任何违规都可能导致灾难，这需要严格监控。

安德森和卡勒（2014）讨论了信息物理系统权衡的挑战。嵌入式系统和信息物理系统这两个术语可互换使用，以讨论能源预算、存储、无线电、闪存、电源、模块间兼容性和监控方面的各种权衡。

6.4 信息物理系统中嵌入式系统的安全性

能源部门受到了信息物理系统领域技术进步的极大影响。智能电网的新领域是在管理电网核心部件时集成用于远程控制的计算机而产生的。拉奇蒂和马德姆·德黑兰介绍了一项关于智能电网安全方面的工作，提出了智能电网的高级计量基础设施（AMI）中的安全问题，并展示了一种基于信任平台的异常检测器（2013）。他们认为，尽管为高级计量基础设施（AMI）指定了很高的安全级别，但仍存在安全漏洞，他们所提出的技术有助于提高系统安全性。

嵌入式系统通常是用于特定应用的，是一种高度优化的且具有高成本效益的系统。这些系统仅包括应用程序所需的那些组件，因此它们受到各种约束，很难将安全组件融入系统。其中的一些限制因素包括成本敏感性、能源使用、开发环境、外围设备和处理能力等（Koopman 2004）。尽管存在上述限制，但每个嵌入式系统至少要包含最低程度的安全性，因为这些系统正在各行各业中使用，若受到安全攻击则可能导致严重的损失、死亡或其他灾难。

里奇和麦吉尼斯（2003）定义了一种可以确保嵌入式系统有更高安全性的五步技术，包括识别威胁、设定安全目标、评估安全故障风险、制定克服威胁对策、确保对策的有效性。作者还对嵌入式系统安全性提出了一些建议。2004 年，格兰德进行了关于嵌入式系统安全性方面最精细的研究之一，文章列出了斯通伯尔、海登和费林加在 2001 年代表国家标准与技术研究院（NIST）提供的安全原则（Stoneburner et al. 2001），这些原则于 2004 年进行了修订（Stoneburner et al. 2004）。格兰德根据攻击、攻击者、威胁、难度、产品可访问性和威胁对安全性进行了分类。就像里奇和麦吉尼斯（2003）提到的一样，产品设计的第一步被确定为风险评估和管理，它对安全威胁以及为克服这些威胁所采取的措施提供了广泛的思路。其中的一些威胁包含拦截（窃听）、中断（拒绝服务攻击、恶意破坏硬件设备、故意擦除程序或数据内容）、篡改、假造、竞争（或克隆）、盗窃服务、欺骗、特权升级等，文章还讨论了针对产品外壳、电路板、PCB 以及固件的各种解决方案。2006 年，格兰德讨论了如何使用黑客技术来拆卸、进行逆向工程、篡改产品，以执行各种功能，例如破坏身份验证和版权，或执行设计人员从未打算做的任务。

拉维等人（2004）确定了嵌入式系统的六个要求：用户识别、安全网络访问、安全通信、安全存储、安全内容、可用性。他们就一些安全技术进行了深入讨论，如密码和散列算法。此外，研究人员列出了安全协议、数字证书、数字版权管理以及安全存储和执行等加密技术，还描述了在不同复杂性、可扩展性和连接性条件下的软件攻击及其对策。与此同时，物理攻击、时序分析、功率分析、故障归纳和电磁分析等篡改攻击也被考虑用于设计嵌入式系统的安全架构。拉维等人（2004）进一步拓展并介绍了该论文。由于嵌入式系统是内部具有逻辑功能的物理设备，对它们的攻击可分为物理攻击和逻辑攻击。论文还详细讨论了嵌入式设备中的处理间隙、电池间隙、任务和应用的灵活性、抗篡改性、保证间隙和产品成本等挑战，并对相关要求进行了检查。

库普曼等（2005）在卡内基梅隆大学讨论了嵌入式系统本科课程，明确指出，尽管安全性研究已经存在一段时间，但对嵌入式系统安全性的研究却很少。文中讨论了诸如认证和访问控制、数据隐私和完整性、软件安全性和安全策略之类的安全技术。

自 2006 年信息物理系统建立在嵌入式系统的基础上以来，研究已从嵌入式系统转向信息物理系统，因此在这一领域发表的论文很少。帕拉斯瓦兰和沃尔夫（2008）对嵌入式系统安全性进行了概述，罗列并解释了一般嵌入式系统的特性和缺点。同时文章描述了对这些系统的软件攻击和侧通道攻击以及它们的对策。针对侧通道攻击的一部分对策包括：掩蔽、窗口方法、伪指令插入、代码 / 算法修改和平衡。米勒和朔尔希特（2010）概述了嵌入式系统中使用的各种加密技术的性能，这是卡巴斯基实验室进行的一部分研究。数据加密标准（DES）、高级加密标准（AES）、3DES、Blowfish、Twofish、IDEA、CAST、FEAL、SEAL、RC4 等各种算法也已显示在列表中。以上比较是基于正确性和可靠性、加密持续时间、能耗、内存需求和安全性，但作者没有对嵌入式系统安全性提出任何建议或改进。

6.4.1 安全演变

期刊的大多数作者都将嵌入式系统和信息物理系统两个概念互换使用，而传统的嵌入式系统和信息物理系统之间的确没有什么区别。本节通过回顾至今发表的各种研究文献，让读者了解当前两个概念之间的相互关系。

马勒（2006）在 2006 年强调了信息物理系统中的三个主要问题。安全性是其中一个问题，他指出信息物理系统在电网和关键基础设施中的重要性，并建议为智能电网上实施的 IEC 61850 标准创建软件仿真。嵌入式系统和信息物理系统这两个术语被作者视为相同的概念。

李（2008）在他关于设计挑战的论文中，提出了关于信息物理系统从嵌入式系统转型会遇到的安全问题、风险、缓解方法和所需技术。卡德纳斯等在 2008 年的论文中，提出了一个分析攻击的数学框架，以应对控制系统安全性的研究挑战。该研究试图回答作者提出的两个主要问题，并在此过程中提出了一个可以帮助检测和抵御攻击的框架。与嵌入式系统相比，信息物理系统的漏洞和威胁的产生原因已经列出，包括人工控制器已经被计算机取代，系统已联入网络，信息技术解决方案使用商用软件或协议完成，设计的开放性，尺寸和功能增加，全球信息技术专业人员数量增加，以及网络犯罪数量增加等。随着技术从嵌入式系统转向信息物理系统，安全工作正在从保证可靠性转向防范恶意攻击。NERC、NIST、ISA 等也采取了这些措施，并将这些组合目标列为是对认知的创建，还帮助运营商设计安全策略和推荐基本的预防方法。文章讨论了新的安全问题，例如在发生攻击时估计和控制物理世界的影响，并且提供了一些建议。对于这些问题，作者通过数学来建模，主要讨论拒绝服务攻击和欺骗攻击。虽然这是一项理论工作，但它为许多其他研究人员提供了有效的信息和强大的动力。

2009 年，孙等人根据嵌入式系统的应用、复杂性和关键性将其分为三类（2009）。其中，中等关键性的和高度关键性的嵌入式系统被称为信息物理系统。作者讨论了由于安全要求和安全需求之间的矛盾而产生的安全威胁。为了克服这个问题，作者提出了一个在设计阶段早期发现冲突的框架。车等人主要强调了医疗信息物理系统（也称为实时网络嵌入式系统）及其安全性（2009）。作者建议，需要重新检查现有的硬件和软件在信息物理系统中的实施。除众多其他方面外，安全特性必须包含在编程抽象中。由于安全领域的研究很有限，作者建议构建一个典型的信息物理系统模型，并建立解决错误、故障和安全攻击的指标，同时必须对安全漏洞进行验证。需要在安全性、稳健性和保障性的背景下研究有关外部环境的假设。

拉杰库马尔（Rajkumar et al. 2010）描述了信息物理系统革命性的挑战。物理和信息组件的交叉需要对安全和隐私作出要求，这可以通过实施创新的解决方案来实现。通过制定安全策略、入侵检测和缓解措施来应对可能的攻击。针对安全攻击和错误的信息物理系统的安全和保障被认为是信息物理系统中的关键问题之一。另外，可以采用位置、时间和基于标签的机制来利用物理性质。除此之外，系统编程还必须包括嵌入其中的安全功能。

在他们对智能电网的研究中，库拉纳等人描述了与智能电网相关的安全问题（2010）。智能电网是任何发达国家的关键基础设施之一，保证其安全性成为各国需要解决的重要问题。信任是信息物理系统安全的重要组成部分，设备之间通信的安全性和隐私性也是十分重要的。文章讨论了管理公钥基础设施、更新加密密钥和密钥生成的安全管理，列出并解释了一些新近发展，如传输变电站和 SCADA 网络的新认证技术、基于策略的数据共享和认证等。

阿克拉等人（2010）致力于信息物理系统中信息流的安全性研究，并提出了一个分析模型。信息流的安全性与数据的机密性有关，作者声称这是被大多数研究人员所忽视的安全性方面。信息流动是信息物理系统的信息和物理部分之间发生的交互。文章讨论了 Bell–LaPadula（Bell 和 LaPadula 1973；Bell，2011）模型和其他相关模型的局限性，并使用过程代数概念定义了它们的方法，作者以管道系统和电网的应用为例说明了该方法。尽管本文致力于研究信息物理系统的安全性，但在这两种应用中，嵌入式系统都被列为信息物理系统的基本组成部分。

王等人提出了 CPeSC3 架构以获得安全的医疗信息物理系统（2011）。该架构包括传感、通信、计算和资源调度、云和安全核心等组件。通信和计算核心基本上由嵌入式系统组成，这些嵌入式系统被集成以形成医疗信息物理系统。CPeSC3 模型使用并结合了云计算、安全和实时系统中的概念和模型。该模型的安全核心实现了各种安全措施，如对称、非对称和混合密钥，内存设备的错误恢复，数据冗余以及云备份。对于医疗保健信息物理系统，家庭、办公室和医院环境也被纳入其中，同时也对其安全性进行了分析和规划。

桑尼斯拉夫和米克雷（2012）在 2012 年对信息物理系统及其面临的挑战进行了研究。安全是信息物理系统公认的主要挑战之一，其影响因素包含可用性、可监控性和适应性。与嵌入式系统相比，信息物理系统更直接地与物理世界和进程相关联，这使得检测和适应环境变化和攻击成为重要挑战。沙菲专注于信息物理系统中的安全要求、目标、威胁、攻击和解决方案（2012）。他将安全目标列为机密性、完整性、可用性和真实性，这与嵌入式系统的目标相类似。文章还讨论了各种攻击、问题、解决方案和特定于应用程序的安全问题。同年，康蒂等人撰写了另一篇关于信息物理系统挑战的文章。其中一个主要挑战是设计信息物理系统时，实现小型、廉价且资源受限的嵌入式系统的安全性和保密性。文章讨论了许多与信息管理相关的，嵌入式系统和信息物理系统的重合概念，其中一些特点包括数据存储、数据处理的可扩展性、数据的复杂性、灵活性、计算的可重复性以及信息质量。嵌入式系统具有计算、感知和驱动能力，且其网络化导致了向信息物理系统的转化。随着技术日益进步和复杂，恶意软件生产者和攻击者也在很大程度上取得了进步。作者称，恶意软件现在可以在早期声称无法被攻击的设备和系统中观察到。这需要三类解决方案，即安全硬件、纯软件和混合技术。

布罗伊等人参与了一个与信息物理系统相关的德国项目，讨论了项目发展中涉及的一些挑战。当前面临的主要挑战是安全、安保和隐私。随着嵌入式系统变得更加强大、更加网络化，它们的安全性变得更加重要，也更加脆弱。机密性、完整性和真实性被认为是信息物理系统安全性的三个基本核心。与安全性相关的其他方面则是可信性、可靠性、可用性和可维护性。"safety @ runtime"和"security @ runtime"是需要注意的两个要求，因为尚未开发出对信息物理系统进行不间断维护和服务的技术。他们提供的建议之一是在信息物理系统的开发阶段和运行阶段考虑安全性，列出的要求涉及安全硬件、安全环境、新的信任程序、安全管理和工程、严格的测试和分析、安全 / 安保条例、标准化开发和机制。

2013 年，斯潘诺斯和沃依莱兹讨论了有关嵌入式系统的各种安全挑战（2013）。检查信息物理系统中的嵌入式系统，加密和认证是提供安全性的两种机制。对于加密，建议使用椭圆曲线加密而不是公钥加密，因为前者的计算要求比后者的低。密钥管理被认为是加密系统中最关键的部分，因为密钥的泄露会使最坚固的密码系统变得毫无用处。由于攻击者的技术和方法与时俱进，建议设计者定期升级系统。因为一旦投入运行，系统的可用性就成为强制性的，所以系统升级必须要在运行时完成。建议远程管理配备强大的入侵检测系统，以防止攻击和访问关键信息。针对特定硬件或软件的通用拒绝服务攻击以及摧毁整个系统的分布式拒绝服务攻击也是信息物理系统中嵌入式系统的关注点。

在他们关于信息物理系统隐私的论文中，彼得鲁拉基斯等人发现，嵌入式系统中的一个重要问题是，对基于计算机控制系统的设计方面的研究非常少（2013）。他们认为，嵌入式系统很容易泄露有关位置、路由算法或任何其他带有私人敏感元素的信息，而且由于信息物理系统部署在恶劣的和不可控制的环境中，攻击可能轻而易举且显而易见。他们提出了一种隐私级别的模型，可以生成隐私对策以克服所涉及的攻击。通过使用该模型，系统操作员将能够基于网络的隐私要求为系统分配各种隐私级别。特拉普等人在其论文中提供了信息物理系统安全性和可靠性的路线图（2013）。正如他们所指出的，嵌入式系统转换为信息物理系统出现的一些问题是发展动态适应运行时不断变化环境的能力，以及遵循严格的规则和严格的安全保障的情况。这两个问题主要与信息物理系统的安全性有关。作者对各种安全措施进行了广泛的研究，以确保信息物理系统的安全性。研究者们还发现了基于 SafetyCertification @ Runtime 的通用安全接口框架，从而有望确保运行时的安全和验证准确无误。

格林伍德等人的文章讨论了嵌入式系统到信息物理系统的演变，展示了该领域的最新研究之一（2015）。作者认为，被称为可演化和自适应硬件的Neo-Darwinistic方法将会使系统获得发展，从而获得更好的解决方案和应用。理想的信息物理系统有五个主要特性，其中安全和可靠是这五个属性中的两个，因此它们被赋予至关重要的地位，并需要在这方面进一步研究和创新。当前的嵌入式系统设计更侧重于网络方面，在设计信息物理系统时，这种态度需要改变。同时还必须重点关注硬件、通信和计算，并关注这每一部分的安全性。

叶的论文提出了信息物理系统的安全保护设计（2015）。信息物理系统是一种将通信和计算功能嵌入传统嵌入式系统的技术。安全是一个重要的问题，文章以对核电厂、汽车、医疗行业、军队等受到的攻击为例进行了详尽的讨论。在安全措施中，讨论了由高级精简指令集机器（ARM）组建的"信任区"。它在处理器中设置了一个独立的安全区域，以防止对嵌入式系统的网络攻击。另一种保护方法是在信息物理系统内创建称为工程师站、控制器和APC服务器的三个子部分。每个子部分都通过检查、跟踪和保护系统来单独实施其安全措施。该技术通常在工业控制系统中实现。嵌入式系统开发中的错误也需要在信息物理系统中实现时进行处理。

在董等人关于信息物理系统安全性的系统文献综述中，他们讨论了迄今为止该领域的各个方面和各种方向（2015）。系统的物理安全性优先于信息安全性。一般信息物理系统的安全要求是机密性、完整性和可用性。最新问题包含了安全协议无缝性、全局信任管理和隐私保护。信息物理系统中的风险管理是信息物理系统安全的重要组成部分，必须进一步研究以找到更好的解决方案。文章同时还讨论了信息物理系统各层的安全性。

6.5 智能电网安全

斯里达尔等撰写了一份关于电网安全的论文，文章讨论了信息物理系统中信任、风险评估和网络安全的重要性（2012）。嵌入式系统在整个电网系统中使用，以支持、监视和控制其内部的功能，而保护嵌入式系统的职责属于信息物理系统的设备安全部门。远程认证是智能电网技术的重要组成部分。设备中有一部分是智能电表和智能电子设备（IED）。这些设备使用嵌入式系统来运行，并且需要足够高的安全性以防止其被篡改。因此，文章讨论了加载了加密标志的固件（LeMay & Gunter 2012），也指出了其局限性，必须仔细解决安全问题从而确保设备的完整性，同时作者提出了许多建议，如风险建模与缓解以及信任管理等，以保证安全性。

刘等人在同一领域进行了研究，调查了智能电网中的安全和隐私问题（2012）。智能电网中的可编程逻辑控制器（PLC）、远程终端单元（RTU）和智能电子设备（IED）等设备中的安全问题均来自嵌入式系统。文章就一些安全标准和权衡问题进行了讨论，其中提到的加密方法之一是用于加密数据的 AES-CCM 128 位共享密钥。为了保护系统不受恶意软件的攻击，研究者们讨论了梅特克和埃克尔（2010）提出的程序。他们所描述的三个程序是可以向每个设备发布公钥来交付的升级补丁、完善的安全引导程序，以及在供应商和运营商之间都必须严格控制的所有移动代码。

王和鲁进行了一项调查，讨论了智能电网的网络安全挑战（2013）。智能电网是由数百万具有计算限制的嵌入式系统组合在一起形成的，因此，计算效率成为在智能电网中实现加密方案的关键问题。尽管非对称密钥加密比对称密钥加密更好，但它需要更多的计算，因此对于嵌入式系统来说实施起来会受限。为了克服这个问题，建议增加硬件支持或使中央处理单元（CPU）变得更强大。认证是另一种安全措施，它要求高效率、对攻击和故障有耐受度，还要支持多路广播技术。另外，文章还分析了 DES-CBC 和 RSA 密钥方案。由于计算效率低，RSA 仍然不是一个可行的选择。文中列出和比较的三种多路广播认证是机密信息不对称性、时间不对称性和混合不对称性。该调研中还讨论了几个关键的管理系统。

该领域的最新出版物之一是由奇默等人编撰的（2015），他们提出并讨论了电网控制器中的入侵检测方法。文章的主要关注点是电网中必会受到入侵攻击的实时嵌入式系统。使用系统的微时序，可以跟踪代码执行进度，并检测可能的攻击。可以使用两种方式来检测入侵：自检和操作系统调度程序，这有助于检测未授权代码的执行。开发的方法由三种机制组成，即 t-Rex，T-ProT 和 T-AxT。这些机制在仿真和嵌入式系统硬件上进行了测试，并被认为是入侵检测的一种新方法。

6.6 差距和局限

6.6.1 复杂性

嵌入式系统市场的全球市场总量约为 8500 亿欧元（Union 2016）。这表明它在当今时代对世界具有巨大影响。如今，制造的硬件每天都在变得越来越强大。此外，嵌入式系统与所需操作系统的联网已经成为时代的需要（Herausforderung & Wirtschaft 2009）。这导致对嵌入式系统性能的需求增加，如更高的性能、更低的功耗、更长的耐用性、更大的内存、更好的网络选项和更快的处理速度。预计数十亿个网络和嵌入式系统将被连接起来，以提供一个完全联网的功能性物联网（Herausforderung & Wirtschaft 2009）。欧盟（EU）已经意识到其重要性，并启动了"地平线 2020"科研规划，这是一个关于嵌入式系统和信息物理系统的约价值 1.4 亿欧元的投资项目（Union 2016）。目标是实现更高程度的可靠性、可信性、自主性、低能耗、互联性、混合关键性和新的商业模式（Haydn 2013）。

第二个主要的复杂性是嵌入式和信息物理系统软件的复杂性（Sprinkle 2008）。软件与硬件同样重要，但大多数研究人员都没有意识到这一事实（Sullivan & Krikeles 2008）。软件根据要求管理硬件的处理方式，软件用于接收数据并处理数据，以控制和执行预期任务。这些可以是用于特定应用程序的软件代码和 / 或操作系统。随着系统变得越来越复杂，网络越来越多样化，软件开发变得越来越复杂，范围也越来越广泛。该软件还必须通过保护系统、任务和数据的机密性、完整性和真实性来确保系统更加安全可靠（Tripakis & Sengupta 2014；Zhang et al. 2012）。

硬件或软件上的错误都可能导致严重的损失和更加复杂的问题。当前的工程和技术必须关注这一事实（Mueller 2006）。这些误差不仅需要被仔细诊断，而且还需要在设计和制造的最早阶段被努力消除。生产时间和上市时间是另一个重要的复杂因素，这两个时间构成了该领域的重要业务战略，过早或过晚营销产品都可能会造成严重损失。

6.6.2 网络互联与嵌入式系统

没有互联网功能的信息物理系统是不完整的。这要求嵌入式系统开发出互联网的功能。传输控制协议 / 网际协议（IP）正在嵌入式系统中实施，以实现联网功能。嵌入式系统还需要包括无线连接和以太网控制器等模块。由于这些系统中的大多数是电池供电的，系统必须有效地使用电力并且避免耗尽可用电力。因此，这些系统中的挑战之一是将互联网连接纳入，这不仅能实现节约电力目的，而且还不给电源管理增加负担。轻量级 IP（LwIP）是为实现此目的而实施的 TCP / IP 版本之一（Dunkels 2001 2003），其连接性将帮助实现物联网的目标。

6.6.3 建立信任

本文一直在强调安全的重要性。信任和信誉可以成为信息物理系统安全性的最有效技术之一。许多研究者已经研究了信息物理系统的安全性方面问题（Wang et al. 2011；Kirkpatrick et al. 2009；Wu et al. 2011；Zimmer et al. 2010；Zhu et al. 2011b；Poolsappasit et al. 2012；Sommestad et al. 2009）。信任管理现在越来越受到关注，并在无线传感器网络和物联网的背景下得到了广泛研究（Singh et al. 2014；Che et al. 2015；Yan et al. 2014；Reshmi & Sajitha 2014）。本文的作者正致力于研究信息物理系统中的信任管理。阿里等人（2015）、阿里和安瓦尔（2012）都提出了一个双层信任系统，可以维护信息物理系统的安全性，作者正在研究这种信任管理技术并尝试对其进行改进。

6.6.4 权衡

权衡是信息物理系统系统的一个难点，它需要对给定系统的要求进行非常深入和严格的理解，以便在控制系统有效运行的各种因素之间取得最佳平衡。

严格的安全措施导致信息物理系统的嵌入式系统中存在着大量的计算，这使得信息物理系统实施效率大大降低。因此，安全性和效率之间的权衡是必须注意的一个方面，正如刘等人在研究中得出的那样（2012），隐私是安全的一个重要方面，保护隐私对于保护信息物理系统具有重要意义。但是，为信息物理系统的不同层级创建各种隐私级别会导致嵌入式系统能量的消耗。这是因为保护隐私所需的计算量随着分配给隐私的级别的增加而增加。由于信息物理系统中的嵌入式系统通常受限于电源和能量消耗，安全性和能量消耗之间的权衡对于信息物理系统的开发非常重要，彼得鲁拉基斯等人已证明了这一点（2013）。

通常，密钥长度越长，系统的安全性就越强，但这也会导致物理上受限的嵌入式系统消耗更多的时间，性能更加延迟。因此，要对安全和延迟之间的权衡进行全面的研究和调查，如王和鲁（2013）所得出的那样。奇默等人还试图通过观察信息物理系统的安全性和及时性之间的关系来提供更好的攻击防御（2015）。当具有更多安全功能的安全机制变得更强时，需要实时响应和执行任务的嵌入式系统可能需要更长的时间来执行任务。因此，研究实时信息物理系统应用中的安全强度和及时性之间的权衡，需要进行实验和分析。

升级信息物理系统的系统和软件是对抗攻击者以及改进功能和实现的重要组成部分，但升级也可能导致安全风险，例如错误地用恶意软件替换了好软件，或者用可疑硬件替换了好硬件。因此，必须在通信协议和物理层上都采取防御措施，这样在升级到高级软件/硬件和保护信息物理系统的安全性之间就需要进行权衡，这已由斯潘诺斯和沃依莱兹在2013年的研究中得到证明。

6.7 结论

嵌入式系统是通过传感器、执行器、控制器和通信外围设备连接到大型系统的处理单元（Beetz & Böhm 2012）。经过迅速发展，它已经渗透到人类生活的方方面面，这可以通过今天生产的90%以上的处理器都是用于嵌入式系统这一事实来说明（Intel 2016；Twente 2016）。这些应用在医疗保健、交通、情报、通信、控制、治理等领域都有应用。随着互联网的引入，嵌入式系统得到了进一步扩展，形成了信息物理系统，这是由海伦·吉尔于2006年提出的（Gunes et al. 2014）。嵌入式系统到信息物理系统的演变已使得建模、设计、编程工具、语言、标准和安全性有了各种进步，而这又促进了相关应用的发展。

参考文献

Akella, R., Tang, H., & McMillin, B. M.（2010）. Analysis of information flow security in cyber–physical systems. *International Journal of Critical Infrastructure*

Protection, *3*, 157–173.

Ali, S., & Anwar, R. W.（2012）. Trust based secure cyber physical systems. In *Workshop Proceedings*：*Trustworthy Cyber-Physical Systems*, Computing Science, Newcastle University, 2012.

Ali, S., Anwar, R. W., & Hussain, O. K.（2015）. Cyber security for cyber-physical systems：A trust based approach. *Journal of Theoretical and Applied Information Technology*, *71*, 144–152.

Alippi, C.（2014）. *Intelligence for embedded systems*. Springer.

Andersen, M. P., & Culler, D. E.（2014）. System design trade-offs in a next-generation embedded wireless platform.

Ashok, A., Hahn, A., & Govindarasu, M.（2014）. Cyber-physical systems of wide-area monitoring, protection and control in a smart grid environment. *Journal of Advance Research*, *5*, 481–489.

Backhaus, S., Bent, R., Bono, J., Lee, R., Tracey, B., Wolpert, D., et al.（2013）. Cyber-physical security：A game theory model of humans interacting over control systems. *IEEE Transactions on Smart Grid*, *4*, 2320–2327.

Baker, S. A., Waterman, S., & Ivanov, G.（2009）. *In the crossfire*：*Critical infrastructure in the age of cyber war*. McAfee, Incorporated.

Bartocci, E., Hoeftberger, O., & Grosu, R.（2014）. Cyber-physical systems：Theoretical and practical challenges. *ERCIM News*, *2014*.

Battram, P., Kaiser, B., & Weber, R.（2015）. A modular safety assurance method considering multi-aspect contracts during cyber physical system design.

Beetz, K., & Böhm, W.（2012）. Challenges in engineering for software-intensive embedded systems. In K. Pohl, H. Hönninger, R. Achatz, & M. Broy（Eds.）, *Model-based engineering of embedded systems*. Berlin, Heidelberg：Springer.

Bell, D. E., & LaPadula, L. J.（1973）. *Secure computer systems*：*Mathematical foundations*. DTIC Document.

Bonakdarpour, B.（2008）. Challenges in transformation of existing real-time embedded systems to cyber-physical systems. *ACM SIGBED Review*, *5*, 11.

Broy, M.（2013）. Engineering cyber-physical systems：Challenges and foundations. In *Complex systems design & management*. Springer.

Broy, M., Cengarle, M. V., & Geisberger, E.（2012）. Cyber-physical systems：Imminent challenges. In *Large-scale complex IT systems. Development*, *operation and management*. Springer.

Broy, M., & Schmidt, A.（2014）. Challenges in engineering cyber-physical systems. *Computer*, 70–72.

Bujorianu, M. L., & Mackay, R. S.（2014）. Complex systems techniques for cyber-physical systems：Position paper. In *Proceedings of the 4th ACM SIGBED International Workshop on Design*, *Modeling*, *and Evaluation of Cyber-Physical Systems*（pp. 27–30）.

ACM.

Cárdenas, A. A., Amin, S., & Sastry, S. (2008) . Research challenges for the security of control systems. In *HotSec*.

Casale-Rossi, M., De Micheli, G., Bagherli, J., Collette, T., Domic, A., Symanzik, H., et al. (2015) . The future of electronics, semiconductors, and design in Europe: Panel. In *Proceedings of the 2015 Design, Automation & Test in Europe Conference & Exhibition* (pp. 1726–1728) . EDA Consortium.

Che, S., Feng, R., Liang, X., & Wang, X. (2015) . A lightweight trust management based on Bayesian and Entropy for wireless sensor networks. *Security and Communication Networks*, *8*, 168–175.

Conti, J. (2010) . The day the samba stopped [power blackouts]. *Engineering & Technology*, *5*, 46–47.

Conti, M., Das, S. K., Bisdikian, C., Kumar, M., Ni, L. M., Passarella, A., et al. (2012) . Looking ahead in pervasive computing: Challenges and opportunities in the era of cyber-physical convergence. *Pervasive and Mobile Computing*, *8*, 2–21.

Das, S. K., Kant, K., & Zhang, N. (2012) . *Handbook on securing cyber-physical critical infrastructure*. Elsevier.

Davies, N., & Gellersen, H.-W. (2002) . Beyond prototypes: Challenges in deploying ubiquitous systems. *Pervasive Computing*, *IEEE*, *1*, 26–35.

Denning, D. E. (2000) . Cyberterrorism: The logic bomb versus the truck bomb. *Global Dialogue*, *2*, 29.

Dong, P., Han, Y., Guo, X., & Xie, F. (2015) . A systematic review of studies on cyber physical system security. *International Journal of Security and Its Applications*, *9*, 155–164.

Dunkels, A. (2001) . Design and implementation of the lwIP TCP/IP stack. *Swedish Institute of Computer Science*, *2*, 77.

Dunkels, A. (2003) . Full TCP/IP for 8-bit architectures. In: *Proceedings of the 1st International Conference on Mobile Systems, Applications and Services* (pp. 85–98) . ACM.

Eidson, J. C., Lee, E. A., Matic, S., Seshia, S. A., & Zou, J. (2012) . Distributed real-time software for cyber–physical systems. *Proceedings of the IEEE*, *100*, 45–59.

Elliott Bell, D. (2011) . Bell–La Padula model. In *Encyclopedia of cryptography and security* (pp. 74–79) .

Farwell, J. P., & Rohozinski, R. (2011) . Stuxnet and the future of cyber war. *Survival*, *53*, 23–40.

Fink, J., Ribeiro, A., & Kumar, V. (2012) . Robust control for mobility and wireless communication in cyber–physical systems with application to robot teams. *Proceedings of the IEEE*, *100*, 164–178.

Fitzgerald, J., Larsen, P. G., & Verhoef, M. (2014) . From embedded to cyber-physical systems: Challenges and future directions. In *Collaborative design for embedded systems*. Springer.

Grand, J. (2004) . Practical secure hardware design for embedded systems. In *Proceedings of the 2004 Embedded Systems Conference*.

Grand, J. (2006) . Research lessons from hardware hacking. *Communications of the ACM*, *49*, 44–49.

Greenberg, A. (2008) . Hackers cut cities' power. In *Forbes*, *Jaunuary*.

Greenwood, G., Gallagher, J., & Matson, E. (2015) . Cyber-physical systems: The next generation of evolvable hardware research and applications. In *Proceedings of the 18th Asia Pacific Symposium on Intelligent and Evolutionary Systems* (Vol. 1, pp. 285–296) . Springer.

Gunes, V., Peter, S., Givargis, T., & Vahid, F. (2014) . A survey on concepts, applications, and challenges in cyber-physical systems.

Gupta, A., Kumar, M., Hansel, S., & Saini, A. K. (2013) . Future of all technologies-the cloud and cyber physical systems. *International Journal of Enhanced Research in Science Technology and Engineering*, *2*.

Gurgen, L., Gunalp, O., Benazzouz, Y., & Gallissot, M. (2013) . Self-aware cyber-physical systems and applications in smart buildings and cities. In *Proceedings of the Conference on Design*, *Automation and Test in Europe* (pp. 1149–1154) . EDA Consortium.

Hall, E. C. (1996) . *Journey to the moon: The history of the Apollo guidance computer*. Aiaa.

Halperin, D., Heydt-Benjamin, T. S., Ransford, B., Clark, S. S., Defend, B., Morgan, W., et al. (2008) . Pacemakers and implantable cardiac defibrillators: Software radio attacks and zero-power defenses. In *IEEE Symposium on Security and Privacy*, *SP 2008* (pp. 129–142) . IEEE.

Haydn, T. (2013) . *Cyber-physical systems: Uplifting Europe's innovation capacity*. Brussels: Communications Networks, Content & Technology Directorate-General.

Herausforderung, & Wirtschaft, C. F. D. D. (2009) . "Embedded Software"— Challenge and opportunities for the German economy. Bundesministerium für Bildung und Forschung (Federal Ministry of Education and Research) .

INTEL. (2016) . *Introduction to embedded systems* [Online]. Available: http://www. intel.com/ education/highered/Embedded/Syllabus/Embedded_syllabus.pdf. Accessed January 01, 2016.

Jalali, S. (2009) . Trends and implications in embedded systems development. *TCS white paper*.

Johnson, T. T., Bak, S., & Drager, S. (2015) . Cyber-physical specification mismatch identification with dynamic analysis. In *Proceedings of the ACM/IEEE Sixth International Conference on Cyber-Physical Systems* (pp. 208–217) . ACM.

Kamal, R. (2008) . *Embedded systems 2E*. Tata McGraw-Hill Education.

Karnouskos, S., Colombo, A. W., & Bangemann, T. (2014) . Trends and challenges for cloud-based industrial cyber-physical systems. In *Industrial cloud-based cyber-physical systems*. Springer.

Keller, I., Lehmann, A., Franke, M., & Schlegel, T. (2014) . Towards an interaction concept for efficient control of cyber-physical systems. In *Virtual, augmented and mixed reality. Designing and developing virtual and augmented environments*. Springer.

Khurana, H., Hadley, M., Lu, N., & Frincke, D. A. (2010) . Smart-grid security issues. *IEEE Security & Privacy*, 81–85.

Kim, K.-D., & Kumar, P. R. (2012) . Cyber–physical systems: A perspective at the centennial. *Proceedings of the IEEE*, *100*, 1287–1308.

Kirkpatrick, M., Bertino, E., & Sheldon, F. T. (2009) . Restricted authentication and encryption for cyber-physical systems. In *DHS CPS Workshop Restricted Authentication and Encryption for Cyber-physical Systems*. Citeseer.

Koopman, P. (2004) . Embedded system security. *Computer*, *37*, 95–97.

Koopman, P., Choset, H., Gandhi, R., Krogh, B., Marculescu, D., Narasimhan, P., et al. (2005) . Undergraduate embedded system education at Carnegie Mellon. *ACM Transactions on Embedded Computing Systems(TECS)*, *4*, 500–528.

Koubâa, A., & Andersson, B. (2009) . *A vision of cyber-physical internet*. Portugal: Polytechnic Institute of Porto.

Lee, E. (2015a) . *Ptolemy II* [Online]. Available: http://ptolemy.eecs.berkeley.edu/ptolemyII/. Accessed July 14, 2015.

Lee, E. (2015b) . *The Ptolemy project* [Online]. Available: http://ptolemy.eecs.berkeley.edu/. Accessed July 14, 2015.

Lee, E. A. (2006) . Cyber-physical systems-are computing foundations adequate. In *Position Paper for NSF Workshop on Cyber-Physical Systems: Research Motivation, Techniques and Roadmap*.

Lee, E. A. (2007) . Computing foundations and practice for cyber-physical systems: A preliminary report. *Technical Report UCB/EECS-2007-72*. Berkeley: University of California.

Lee, E. A. (2008) . Cyber physical systems: Design challenges. In *11th IEEE International Symposium on Object Oriented Real-Time Distributed Computing(ISORC)(pp. 363–369)*. IEEE.

Lee, E. A. (2010) . CPS foundations. In *Proceedings of the 47th Design Automation Conference(pp. 737–742)*. ACM.

Lee, E. A. (2015c) . The past, present and future of cyber-physical systems: A focus on models. *Sensors*, *15*, 4837–4869.

Lee, E. A., & Seshia, S. A. (2014) . *Introduction to embedded systems—A cyber-physical systems approach*. LeeShehia.org.

Lee, I., Pappas, G. J., Cleaveland, R., Hatcliff, J., Krogh, B. H., Lee, P., et al. (2006) . High-confidence medical device software and systems. *Computer*, *39*, 33–38.

Lee, I., & Sokolsky, O.（2010）. Medical cyber physical systems. In *Proceedings of the 47th Design Automation Conference*. Anaheim, California：ACM.

Lemay, M., & Gunter, C.（2012）. Cumulative attestation kernels for embedded systems. *IEEE Transactions on Smart Grid*, *3*, 744–760.

Leyden, J.（2008）. Polish teen derails tram after hacking train network. *The Register*（Vol. 11）.

Liu, J., Xiao, Y., Li, S., Liang, W., & Chen, C.（2012）. Cyber security and privacy issues in smart grids. *Communications Surveys & Tutorials*, *IEEE*, *14*, 981–997.

Ma, Z., Marchal, P., Scarpazza, D. P., Yang, P., Wong, C., Gómez, J. I., et al.（2007）. *Systematic methodology for real-time cost-effective mapping of dynamic concurrent task-based systems on heterogenous platforms*. Springer Science & Business Media.

Magureanu, G., Gavrilescu, M., & Pescaru, D.（2013）. Validation of static properties in unified modeling language models for cyber physical systems. *Journal of Zhejiang University Science C*, *14*, 332–346.

Marwedel, P.（2010）. *Embedded system design：Embedded systems foundations of cyber-physical systems*. Springer Science & Business Media.

Metke, A. R., & Ekl, R. L.（2010）. Security technology for smart grid networks. *IEEE Transactions on Smart Grid*, *1*, 99–107.

Miller, A., & Schorcht, G.（2010）. Embedded systems security：Performance investigation of various cryptographic techniques in embedded systems.

Miller, W. B.（2014）. Classifying and cataloging cyber-security incidents within cyber-physical systems.

Mitchell, R., & Chen, I.-R.（2015）. Behavior rule specification-based intrusion detection for safety critical medical cyber physical systems. *IEEE Transactions on Dependable and Secure Computing*, *12*, 16–30.

Molina, J. M., Damm, M., Haase, J., Holleis, E., & Grimm, C.（2014）. Model based design of distributed embedded cyber physical systems. In *Models, methods, and tools for complex chip design*. Springer.

Mosterman, P. J., & Zander, J.（2015）. Cyber-physical systems challenges：A needs analysis for collaborating embedded software systems. In *Software & systems modeling*（pp. 1–12）.

Mueller, F.（2006）. Challenges for cyber-physical systems：Security, timing analysis and soft error protection. In *High-Confidence Software Platforms for Cyber-Physical Systems*（*HCSP-CPS*）*Workshop*（p. 4）, Alexandria, Virginia.

Nath, P. K., & Datta, D.（2014）. Multi-objective hardware–software partitioning of embedded systems：A case study of JPEG encoder. *Applied Soft Computing*, *15*, 30–41.

Navet, N., & Simonot-Lion, F.（2008）. *Automotive embedded systems handbook*. CRC Press.

Osswald, S., Matz, S., & Lienkamp, M.（2014）. Prototyping automotive cyber-physical systems. In *Proceedings of the 6th International Conference on Automotive User Interfaces and Interactive Vehicular Applications*（pp. 1–6）. ACM.

Parameswaran, S., & Wolf, T.（2008）. Embedded systems security—An overview. *Design Automation for Embedded Systems*, *12*, 173–183.

Parolini, L., Sinopoli, B., Krogh, B. H., & Wang, Z.（2012）. A cyber–physical systems approach to data center modeling and control for energy efficiency. *Proceedings of the IEEE*, *100*, 254–268.

Parvin, S., Hussain, F. K., Hussain, O. K., Thein, T., & Park, J. S.（2013）. Multi-cyber framework for availability enhancement of cyber physical systems. *Computing*, *95*, 927–948.

Petroulakis, N. E., Askoxylakis, I. G., Traganitis, A., & Spanoudakis, G.（2013）. A privacy-level model of user-centric cyber-physical systems. In *Human aspects of information security, privacy, and trust*. Springer.

Pike, L., Sharp, J., Tullsen, M., Hickey, P. C., & Bielman, J.（2015）. Securing the automobile：A comprehensive approach.

PLC, A. H.（2014）. *Shaping the connected world*. Strategic Report 2014.

Pohlmann, U., Dziwok, S., Meyer, M., Tichy, M., & Thiele, S.（2014）. A modelica coordination pattern library for cyber-physical systems. In *Proceedings of the 7th International ICST Conference on Simulation Tools and Techniques*（pp. 76–85）. ICST（Institute for Computer Sciences, Social-Informatics and Telecommunications Engineering）.

Poolsappasit, N., Dewri, R., & Ray, I.（2012）. Dynamic security risk management using Bayesian attack graphs. *IEEE Transactions on Dependable and Secure Computing*, *9*, 61–74.

Ptolemaeus, C.（2014）. *System design, modeling, and simulation：Using Ptolemy II*. Ptolemy.org. Berkeley, CA, USA.

Quinn-Judge, P.（2002）. Cracks in the system. *TIME Magazine*, January 9, 2002.

Raciti, M., & Nadjm-Tehrani, S.（2013）. Embedded cyber-physical anomaly detection in smart meters. In *Critical information infrastructures security*. Springer.

Rajkumar, R. R., Lee, I., Sha, L., & Stankovic, J.（2010）. Cyber-physical systems：The next computing revolution. In *Proceedings of the 47th Design Automation Conference*（pp. 731–736）. ACM.

Ravi, S., Raghunathan, A., Kocher, P., & Hattangady, S.（2004）. Security in embedded systems：Design challenges. *ACM Transactions on Embedded Computing Systems*（*TECS*）, *3*, 461–491.

Reshmi, V., & Sajitha, M.（2014）. A survey on trust management in wireless sensor networks. *International Journal of Computer Science & Engineering Technology*, *5*, 104–109.

Ricci, L., & McGinnes, L.（2003）. Embedded system security-designing secure system with windows CE. *Embedded Computer System*, 1–33.

Sanislav, T., & Miclea, L. (2012). Cyber-physical systems-concept, challenges and research areas. *Journal of Control Engineering and Applied Informatics*, *14*, 28–33.

Segovia, F., Serrano, R., Górriz, J., Ramírez, J., & González, J. (2012). A DSP embedded system. Application to digital communication systems. In *Technologies Applied to Electronics Teaching* (*TAEE*), 2012 (pp. 196–200). IEEE.

Serpanos, D. N., & Voyiatzis, A. G. (2013). Security challenges in embedded systems. *ACM Transactions on Embedded Computing Systems* (*TECS*), *12*, 66.

Sha, L., Gopalakrishnan, S., Liu, X., & Wang, Q. (2009). Cyber-physical systems: A new frontier. In *Machine learning in cyber trust*. Springer.

Shafi, Q. (2012). Cyber physical systems security: A brief survey. In *ICCSA Workshops* (pp. 146–150).

Sharp, J. A. (1986). An introduction to distributed and parallel processing.

Shi, J., Wan, J., Yan, H., & Suo, H. (2011). A survey of cyber-physical systems. In *International Conference on Wireless Communications and Signal Processing* (*WCSP*) (pp. 1–6). IEEE.

Shukla, S. K. (2015). Editorial: Schizoid design for critical embedded systems. *ACM Transactions on Embedded Computing Systems* (*TECS*), *14*, 40e.

Sifakis, J. (2011). A vision for computer science—The system perspective. *Central European Journal of Computer Science*, *1*, 108–116.

Singh, M., Sardar, A. R., Sahoo, R. R., Majumder, K., Ray, S., & Sarkar, S. K. (2014). Lightweight trust model for clustered WSN. In *Proceedings of the 3rd International Conference on Frontiers of Intelligent Computing: Theory and Applications* (*FICTA*) 2014, 2015 (pp. 765–773). Springer.

Slay, J., & Miller, M. (2008). *Lessons learned from the maroochy water breach.* Springer.

Sommestad, T., Ekstedt, M., & Johnson, P. (2009). Cyber security risks assessment with Bayesian defense graphs and architectural models. In *42nd Hawaii International Conference on System Sciences*, *HICSS'09* (pp. 1–10). IEEE.

Sprinkle, J. (2008). Grand challenges education and cross-cutting challenges in cyber-physical systems. In *National Workshop for Research on High-Confidence Transportation Cyber-Physical Systems: Automotive, Aviation & Rail*, Vienna, Virginia, USA.

Sridhar, S., Hahn, A., & Govindarasu, M. (2012). Cyber–physical system security for the electric power grid. *Proceedings of the IEEE*, *100*, 210–224.

Stojmenovic, I. (2014). Machine-to-machine communications with in-network data aggregation, processing, and actuation for large-scale cyber-physical systems. *IEEE Internet of Things Journal*, *1*, 122–128.

Stoneburner, G., Hayden, C., & Feringa, A. (2001). *Engineering principles for informationtechnology security* (*a baseline for achieving security*). DTIC Document.

Stoneburner, G., Hayden, C., & Feringa, A.（2004）. *Engineering principles for information technology security（a baseline for achieving security）*, Revision A. DTIC Document.

Sullivan, G., & Krikeles, B.（2008）. Grand challenges for transportation cyber-physical systems. In *National Workshop for Research on High-Confidence Transportation Cyber-Physical Systems：Automotive, Aviation & Rail.*

Sun, M., Mohan, S., Sha, L., & Gunter, C.（2009）. Addressing safety and security contradictions in cyber-physical systems. In *Proceedings of the 1st Workshop on Future Directions in Cyber-Physical Systems Security（CPSSW'09）.*

Talbot, D.（2012）. Computer viruses are "rampant" on medical devices in hospitals. *MIT Technology Review, 17*, 19.

Tan, Y., Goddard, S., & Perez, L. C.（2008）. A prototype architecture for cyber-physical systems. *ACM Sigbed Review, 5*, 26.

Tham, C.-K., & Luo, T.（2013）. Sensing-driven energy purchasing in smart grid cyber-physical system. *IEEE Transactions on Systems, Man, and Cybernetics：Systems, 43*, 773–784.

Timmerman, M.（2007）. Embedded systems：Definitions, taxonomies, field.

Trapp, M., Schneider, D., & Liggesmeyer, P.（2013）. A safety roadmap to cyber-physical systems. In *Perspectives on the future of software engineering*. Springer.

Tripakis, S., & Sengupta, R.（2014）. Automated intersections：A CPS grand challenge. In *National Workshop on Transportation Cyber-Physical Systems*（p.1）, Arlington, Virginia.

Tsang, R.（2010）. Cyberthreats, vulnerabilities and attacks on SCADA networks. In *Working Paper*. Berkeley：University of California. http://gspp.berkeley.edu/iths/Tsang_SCADA% 20Attacks.pdf. As of December 28, 2011.

Twente, U. O.（2016）. *Embedded systems* [Online]. The Netherlands：University of Twente. Available：https://www.utwente.nl/emsys/general/general/. Accessed January 25, 2016.

Union, E.（2016）. *Cyber-physical systems* [Online]. Communications Networks, Content and Technology, European Commission Directorate General. Available：https://ec.europa.eu/dgs/ connect/en/content/cyber-physical-systems-european-ri-strategy. Accessed January 19, 2016.

Wan, J., Chen, M., Xia, F., Di, L., & Zhou, K.（2013）. From machine-to-machine communications towards cyber-physical systems. *Computer Science and Information Systems, 10*, 1105–1128.

Wan, J., Yan, H., Suo, H., & Li, F.（2011）. Advances in cyber-physical systems research. *KSII Transactions on Internet and Information Systems（TIIS）, 5*, 1891–1908.

Wang, J., Abid, H., Lee, S., Shu, L., & Xia, F.（2011）. A secured health care application architecture for cyber-physical systems. *Control Engineering and Applied*

Informatics, *13*, 101–108.

Wang, W., & Lu, Z.（2013）. Cyber security in the Smart Grid: Survey and challenges. *Computer Networks*, 57, 1344–1371.

Wasicek, A., Derler, P., & Lee, E. A.（2014）. Aspect-oriented modeling of attacks in automotive Cyber-Physical Systems. In *Design Automation Conference（DAC）, 2014 51st ACM/EDAC/ IEEE*（pp. 1–6）. IEEE.

Weiser, M.（1991）. The computer for the 21st century. *Scientific American*, *265*, 94–104.

Wu, G., Lu, D., Xia, F., & Yao, L.（2011）. A fault-tolerant emergency-aware access control scheme for cyber-physical systems. *arXiv preprint* arXiv: 1201.0205.

Xia, F., Vinel, A., Gao, R., Wang, L., & Qiu, T.（2011）. Evaluating IEEE 802.15. 4 for cyber-physical systems. *EURASIP Journal on Wireless Communications and Networking*, *2011*, 596397.

Yan, Z., Zhang, P., & Vasilakos, A. V.（2014）. A survey on trust management for Internet of Things. *Journal of Networks and Computer Applications*, *42*, 120–134.

Ye, H.（2015）. Security protection technology of cyber-physical systems. *International Journal of Security and Its Applications*, *9*, 159–168.

Zhang, L., He, J., & Yu, W.（2012）. Challenges and solutions of cyber-physical systems. *Information Science and Industrial Applications*, *55*.

Zheng, X., Julien, C., Kim, M., & Khurshid, S.（2014）. On the state of the art in verification and validation in cyber physical systems.

Zhou, K., Liu, B., Ye, C., & Liang, L.（2014）. Design support tools of cyber-physical systems. In *Cloud computing*. Springer.

Zhu, B., Joseph, A., & Sastry, S.（2011a）. A taxonomy of cyber attacks on SCADA systems. In *International Conference on Internet of Things（iThings/CPSCom）, and 4th International Conference on Cyber, Physical and Social Computing*（pp. 380–388）. IEEE.

Zhu, Q., Rieger, C., & Başar, T.（2011b）. A hierarchical security architecture for cyber-physical systems. In *4th International Symposium on Resilient Control Systems（ISRCS）*（pp. 15–20）. IEEE.

Zimmer, C., Bhat, B., Mueller, F., & Mohan, S.（2010）. Time-based intrusion detection in cyber-physical systems. In *Proceedings of the 1st ACM/IEEE International Conference on Cyber-Physical Systems*（pp. 109–118）. ACM.

Zimmer, C., Bhat, B., Mueller, F., & Mohan, S.（2015）. Intrusion detection for CPS real-time controllers. In *Cyber physical systems approach to smart electric power grid*. Springer.

Zometa, P., Kogel, M., Faulwasser, T., & Findeisen, R.（2012）. Implementation aspects of model predictive control for embedded systems. In *American Control Conference（ACC）*（pp. 1205–1210）. IEEE.

第7章
信息物理系统的分布式控制系统安全

分布式控制系统（DCS）是信息物理系统的基础技术之一，它主要用于工业和电网。分布式控制系统是从设计、架构、建模、框架、管理、安全性和风险方面进行研究的。从调查结果可以看出，这些系统的安全性问题是当前最重要的。为了解决分布式控制系统的安全问题，重要的是要了解分布式控制系统和信息物理系统之间的桥接功能，以保护系统免受已知和未知漏洞的网络攻击。

7.1 简介

分布式控制系统构成了现代工业的支柱（Stouffer et al. 2011）。分布式控制系统可以在汽车、飞机、大型工业、水管理、发电厂、炼油厂、飞行管理、医疗保健系统、智能电网等领域中找到。这些系统由控制过程的仪器组成，同时兼顾准确性、灵敏性、稳定性、可靠性、速度、降噪和带宽等特性。为了实现所需目标，分布式控制系统运行物理传感器和执行器，与复杂的处理器相结合，形成信息物理系统。正如在大多数其他信息物理系统中常见的那样，安全问题是分布式控制系统中最重要的部分（Stouffer et al. 2011），这是因为在关键基础设施和其他关键行业中应用分布式控制系统引起了对手和黑客的注意。尽管已经为通用信息系统和信息物理系统设计了各种对策，但它们并不能很好地服务于分布式控制系统，分布式控制系统需要采用独特的安全方法（Bologna et al. 2013）。此外，与信息系统相比，分布式控制系统安全的概念较新，因此需要进行广泛的调查研究（Weiss 2010）。

7.2　分布式控制系统

不同的研究者以不同的方式研究分布式控制系统。用于分布式控制系统的一些术语包含网络控制系统（NCS）、工业控制系统（ICSS）和网络化信息物理系统（NCPS）。网络化信息物理系统（NCPS）被定义为闭环控制和驱动力的紧密耦合（Mangharam & Pajic 2013），其闭环特性表明它具有反馈能力。为了能正确运行，网络化信息物理系统必须对系统的变化做出反应，并且必须使用基本反馈保持态势感知（Stehr et al. 2010）。表 7.1 列出了分布式控制系统的一些应用。

表 7.1　分布式控制系统的应用

	论文	年份	国家	期刊 / 会议	描述
1	Qian 等人（2015）	2015	中国	国际混合信息技术杂志	基于混合数控系统的自动线路网络物理系统技术
2	Bolognani 等人（2015 年）	2015	美国	IEEE 自动控制交易	在智能配电网中提出了一种反馈策略，用于最优无功流的分布式控制律
3	Zhong 和 Nof（2015）	2015	美国	计算机与工业工程	智能配水网络（WDN），系统地了解协作响应。比较性能测量的不同参数设置（响应时间、最大级联、响应者的行程距离和可预防性）
4	Giordano 等人（2014）	2014	意大利	互联网和分布式计算系统国际会议	分布式和分散式实时方法控制城市排水网络
5	Loos 等人（2011 年）	2011	美国	国际正式方法研讨会	分布式汽车控制系统

分布式控制系统是通信网络、计算机科学、计算和控制理论的组合（Ge et al. 2015），它也是一个面向过程的系统，其规模和地理分布有限（Alcaraz & Zeadally 2015）。分布式控制系统的显著特征是整个系统由大量较简单的子系统 / 代理组成，这些子系统 / 代理在物理上分布开来，并且可以交互以协调较小的任务，从而实现所需的集体目标（Ge et al. 2015）。在每个子系统中，信息在其组件（例如传感器和执行器）之间交换。分布式控制系统的主要应用之一是电力和能源领域。从发电到配电，分布式控制系统都有参与。分布式控制系统的其他应用范围从关键基础设施到大型工业应用，如水、运输、医疗保

健、国防和金融（Sandberg et al. 2015）。目前，分布式控制系统面临的一些主要挑战是通信、控制、计算和安全。在诸如灵活性、效率、环境、可持续性、分布式服务质量（QoS）、安全性和服务成本等一些关键问题之间存在着激烈的权衡（Ilic et al. 2010）。其中，安全性被视为分布式控制系统中最重要的问题（Sandberg et al. 2015；Knapp & Langill 2014），安全漏洞会导致系统的控制、通信和 / 或计算中断。此外，安全漏洞还可能导致货币、信息和财产损失方面的严重后果。由于远程访问高效和无处不在的优势，现代分布式控制系统正被连接到互联网。这有助于将分布式控制系统并入信息物理系统领域。因此，本文集中于从信息物理系统的角度研究分布式控制系统。

分布式控制系统包含基于要求和实现的各种组件、层级和规范。典型分布式控制系统中的层级如图 7.1 所示。操作层由控制室和中央计算机组成，监视系统中的活动。主控制器配备有各种服务器来存储数据和控制操作日志。专用服务器可用于网络、视频、模拟和执行。控制层由监控计算机和可编程逻辑控制器维持，它们向相关设备提供控制信号。微控制器的分布式网络与执行器和其他移动部件物理上进行连接，形成直接控制层。设备及其所有工作组件构成了现场层，现场层根据更高级别的控制信号执行任务，以实现预期目标。

7.3 设计和架构

设计分布式控制系统是构建和实现可以以分布式方式控制的系统的第一步。典型的电网分布式控制系统架构包括带传感器和执行器的发电机组、带网关的传输单元、带网关的配电单元以及带有设备的用户组（Alcaraz et al. 2016）。所有这些单元都使用超级节点进行管理。目前的文献表明，当前的重点是形成一个混合的设计和架构，可以将同步与异步、物理与网络相结合，将更高层次与更低层次相结合。分布式信息物理系统的应用场景之一就是在航空系统中。该系统由一系列数字传感器和执行器组成，这些传感器和执行器可以异步通信并与环境交互，在飞行员将飞机转向期望方向的情况时运行分布式控制系统。多速率物理异步但逻辑同步（PALS）技术是一种通过简化过程来减少设计和验证开销的方法（Bae et al. 2015）。这一方法适用于具有各种约束的系统，这些系统的动作在物理上是异步的，但这些系统的逻辑设计是同步的，因此每个组件都为了同一目标协同工作。

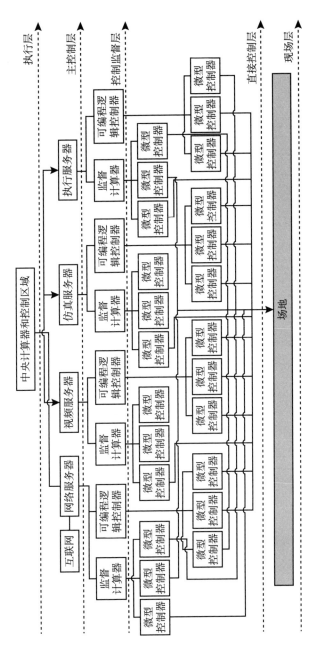

图 7.1　分布式控制系统中的层级

　　分布式控制系统也得以在机器人技术中实现,因为试图模仿人类的机器人由分布式数量的传感器和执行器组成。多级混合架构用于智能移动机器人的通信和控制（Posadas et al. 2008）。该体系结构由三个分布式部分组成，即审议部分、反应部分和通信部分，被称为 SC 代理的通信框架实现了混合的多级分布式体系结构。分布式代理在处理器和工作站上运行以控制移动机器人，YAIR 机器人的实际应用证明了分布式代理在实时执行中的有效性（Posadas et al. 2008）。

7.4 分布式控制系统和信息物理系统的建模和框架

建模有助于理解设计和架构，而框架可以实现模型的实际功能。当前有许多模型用于表示分布式控制系统和信息物理系统。基于网络的动态模型是一种使用数学建模并依赖于与物理系统相连的网络技术模型（Ilic et al. 2010），该模型通过促进分布式观察者之间的合作互动来确保系统中组件的可观察性（Khan et al. 2008），合作通过分布式迭代 – 崩溃反演算法（Khan 和 Moura，2008）来实现。分布式传感器定位基于收敛算法（Khan et al. 2009），该模型由使用分布式传感器和执行器构建的局部子目标组成。三步技术有助于实现分布式系统的性能稳定性，该模型支持控制器和操作员之间的交互协议，并支持分布式决策。使用数据挖掘辅助复杂的电力系统操作，该模型旨在实现管理灵活性、高效、可持续性、分布式服务质量和安全性等问题之间的权衡。表 7.2 描述了对分布式控制系统建模和设计进行的各种研究。

表 7.2 分布式控制系统（DCS）建模和设计研究

	论文	年份	国家	期刊 / 会议	描述
1	Bae 等人（2015）	2015	美国	计算机程序设计科学	多速率 PALS，实时莫尔斯自动译码器（maude），模型检查，混合系统
2	Zhu 和 Basar（2015）	2015	美国	IEEE 控制系统杂志	提出了混合博弈理论框架，其中通过对意外事件的发生进行建模，随机切换和确定性、不确定性通过已知的扰动范围表示
3	Bradley 和 Atkins（2015）	2015	美国	IEEE 机器人交易	结合相互作用的网络和物理策略开发新的模型和创新方法
4	Li 等人（2015）	2015	美国	网络物理系统国际会议	为了实现高效的实时应急通信，提出了时隙窃取和基于事件的通信协议
5	Kim 和 Kumar（2012）	2012	美国	IEEE 会议记录	CPS 研究概述了早期控制系统技术的历史概况以及 CPS 在许多应用领域的潜力

续表

	论文	年份	国家	期刊/会议	描述
6	Morris 等人（2011）	2011	美国	网络安全和信息情报研究工作坊	开发配备由多个供应商提供的商业软件和硬件设备的实验室，为工业控制系统执行独特的测试平台，并发现网络漏洞，研究解决方案

分布式控制系统必须具有反应性，保持态势感知，并且必须有必要的反馈（Stehr et al. 2010）。为了应对这些挑战，可以采用声明性方法来避免低级编程及其容易出错且耗时的特性。利用声明方法，收集信息、控制活动和决策都能转换为逻辑问题，基于逻辑便可以捕获系统与物理世界的交互。

在空间和时间上分布式过程的推理是传统方法的范式转换。逻辑问题是系统的事件，并且是基于由同等对待的事实和目标的分布式知识。每当机器人与传感器连接时，都会适时地传播知识。通过部分有序知识共享和异步控制将网络分布式推理结合来创建逻辑框架。然后，该框架在自组织移动机器人团队的设置中，在仿真原型上实现。同时，机器人是高度动态的并且经常发生故障，这种需要通过现实行动来补偿的紧急情况也被纳入考量。系统连续执行分布式推理以计算本地解决方案，并不间断地进行移动调整。虽然提出的框架及其模拟显示了良好的性能，但它需要在现实世界的影响上进行测试，并与该领域的其他框架进行比较。

建模中的其他问题是分布式控制系统中的通信基础设施问题和数据流量问题。通信基础设施被认为是信息物理系统的重要组成部分之一，因为它将信息从传感器传送到控制器。数据流量用于控制系统动态。调度处理与通信信道的选择有关的媒体接入层，并且它在信息物理系统的效率中起重要作用。当前的文献向人们展示了基于混合系统的调度框架（Li et al. 2014）。混合系统是由连续系统和离散系统组成的系统，可以根据系统状态和控制进行切换。该框架负责信息物理系统的信息和物理动态，并相应地选择通道。该框架已应用于分布式发电的电压控制。分布式发电系统包含来自使用可再生和不可再生资源发电机的多种电力来源，模拟显示已经获得了令人满意的性能结果。该框架需要在信息物理系统的其他领域中实施，以证明其可行性。

7.5 分布式控制系统的管理

分布式控制系统或网络控制系统是闭环中物理过程的控制和驱动力的紧密耦合（Mangharam & Pajic 2013）。其管理需要基于所感测的参数有效且智能地使用资源和组件。有效的管理设施能够维持分布式控制系统所需的稳定性和性能。管理层必须配备稳健的、可靠的和最佳的控制，以提供最佳性能。目前，关于分布式控制系统管理和控制方面的研究见表 7.3。

表 7.3　分布式控制系统的管理和控制

序号	论文	年份	国家	期刊/会议	描述
1	Alcaraz 等人（2016）	2016	西班牙	网络与计算机应用	基于 IEC 62351-8 标准定义的上下文和基于角色的访问控制模型的监测度量方式的策略执行系统
2	Mocci 等人（2015）	2015	意大利	电力系统研究	基于负载的多代理系统（MAS）控制 DSI 实现
3	Zhang 等人（2015）	2015	美国	网络物理系统国际会议	针对第一阶非线性自适应控制系统，开发了用于检测由控制算法/软件故障和意外物理故障引起的不稳定学习行为的控制器验证方案
4	Zhu 等人（2013）	2013	美国	控制与信息科学讲义	多智能体网络物理系统的弹性控制设计。CPS 中的网络和物理组件的一般系统框架交互及其在多个 CPS 之间的依赖关系
5	Mangharam & Pajic（2013）	2013		印度科学院学报	使用无线网络识别时间关键闭环控制问题的挑战
6	Stehr 等人（2010）	2010	美国	无处不在的情报和计算国际会议	通过分布式计算和逻辑基础对 NCPS 进行声明控制
7	Li 等人（2014）	2014		IEEE 系统期刊	在 CPS 使用数据流量调度算法控制系统动态
8	Colombo 等人（2014）	2014	瑞士	基于工业云的网络物理系统	监视和控制工业应用（工厂层级中的较低级别）包括 PLC、SCADA 和 DCS 系统。工业过程和关键基础设施及其复杂功能取决于 SCADA 和 DCS 系统
9	Harrison 等人（2014）	2014	瑞士	基于工业云的网络物理系统	可以使用一个或多个指定工具集成任何级别的 ISA-95，以提供一致的基于 SOA 的 SCADA/DCS 解决方案

续表

序号	论文	年份	国家	期刊 / 会议	描述
10	Stouffer 等人（2011）	2011	美国	工业控制系统安全指南（NIST 特刊 800-82）	为 SCADA、DCS 和其他控制系统［如程序逻辑控制器（PLC）］提供配置指南
11	Zhang 和 Chow（2012）	2012	美国	IEEE 电力系统交易	为了使电力系统的总运行成本最小化，探索了将嵌入发电机组的一致性算法作为分布式控制的有效手段
12	Posadas 等人（2008）	2008	西班牙	人工智能工程应用	开发了模块化和通用混合架构来控制不同类型的系统，尤其是移动机器人控制系统

　　分布式控制系统的管理工具之一是嵌入式虚拟机程序（EVM）（Mangharam & Pajic 2013）。它是在分布式控制系统的物理节点中维护任务、控制和定时属性的程序。它能够在运行时找到最佳的物理控制器集，以保持系统稳定。虽然嵌入式虚拟机程序是为路由和任务分配提供最佳配置的，但它却无法保证做到这一点。无线网络的分布式控制是另一种分布式控制系统管理技术。无线控制网络是一种工具，其中整个网络被视为控制器而不是网络中的每个单独节点（Pajic et al. 2011），控制计算使用真正的分布式控制方案完全在网络内完成。因此，该网络表现为线性动态系统，在节点故障时会更加稳健和稳定。该工具还通过在其体系结构中提供入侵检测系统来解决安全问题。该工具在具有可变功能的异构节点中应用较少。工具的控制操作很简单，但其复杂控制操作的有效性还未能得到证实。

　　在智能电网的案例中，主要的管理问题是管理经济调度问题（EDP）。经济调度是确定发电机产生的最佳输出的过程，以满足在给定的输电和运行约束下成本最低的需求（Zhang & Chow 2012）。解决经济调度问题的分布式算法被用来取代传统的中央控制器。与集中控制系统相比，分布式控制系统具有更高稳定性。分布式控制系统的基本问题是要求所有节点在给定问题上达成共识。为了解决这个问题，增量成本收敛算法嵌入了分布式控制系统的生成单元（Zhang & Chow 2012）。该算法还提供了使用节点中心测量技术在节点组中指定领导者的过程。每个群还配备了共识管理器，以提供群之间的交互。论文使用三总线微网格，模拟和研究了不同的网络拓扑，如星形连接、随机连接和串行连接。与集中控制相比，模拟证明了分布控制的有效性和稳健性。不过，虽然模拟结果显示了性能更好，但这样的结果并未在实际应用中得到验证。

不断发展的气候变化和城市化进程导致排水系统不堪重负。这可能最终导致下水道泛滥和对人类生命、财产和环境的大范围破坏。为了解决这个问题，研究者开发了一种分散的、分布式的且基于代理的方法来管理排水系统（Giordano et al. 2014）。该方法是基于一种建立于流言之上的算法（Jelasity et al. 2005）和管路及仪表布置图（PID）控制技术来实现实时控制。为了实时控制，建立了传感器和执行器的分布式系统。每个节点只能与其相邻的对等体通信。基于流言算法持续监测和平衡水位，管路及仪表布置图（PID）控制器控制每个本地闸门。这一方法的模拟实验表明，它能够在给定场景下防止或延迟洪水。不过，该模型尚未在现实世界的排水网络中得到验证。

7.6 安全和风险

安全性可以定义为保护资产免受其漏洞和威胁的伤害。资产可以是人、数据、系统、组织、国家等。信息安全是为了保护信息免受未经授权的访问、修改、信息泄露、中断和破坏（Jagadamba et al. 2014；Felderer et al. 2014；Ansari & Janghel 2013；House 2014）。一般的安全问题包括完整性、机密性和可用性。分布式控制系统和信息物理系统增加了真实性和有效性问题（Kriaa et al. 2015）。

7.6.1 安全问题

7.6.1.1 完整性

完整性是指对系统中的数据或资源真实性的信任（Cardenas et al. 2008）。完整性是系统执行设计者或用户所要完成的任务的保证。系统中的数据和信息对于传感、计算和决策过程至关重要。因此，数据的完整性在任何系统中都非常重要。能够访问数据的攻击者可以根据他/她的需要轻易操纵数据，从而实现攻击者期望的物理动作，而不是预期的动作。因此，在分布式控制系统的环境中，为确保系统平稳运行，必须在复合、设备和总线级别上保持完整性（Rauter 2016）。

7.6.1.2 机密性

机密性指的是对外来者和攻击者获取保密信息的能力（Cardenas et al.

2008）。虽然有时攻击者可能无法操纵数据，但却可以感知正在发送和接收的数据（的行为）。这些数据可能是机密的，使攻击者能够根据自身需要对获得的信息采取必要的行动。在分布式控制系统中，数据和控制流量需要保持机密性（Innovations 2014）。

7.6.1.3　可用性

系统的服务每时每刻都要可用，尤其是在智能电网或核反应堆等关键系统中，这非常重要，因为在这些系统中，哪怕只有几分之一秒的时间不可用都可能是致命的。攻击者可利用这一关键点来制造灾难，他可以让系统关键进程被延迟，让无用的进程霸占系统（Pappas et al. 2008；Solomon & Chapple 2009）。因此，分布式控制系统必须配备相应的通信协议以保障端到端的安全性，进而确保系统的可用性（Hieb et al. 2007）。

7.6.1.4　真实性和有效性

分布式控制系统和信息物理系统始终涉及不同实体之间的通信，确保实体的真实性是非常关键的。这需要数据和交易的真实性以及所接收信息的有效性（Kriaa et al. 2015）。分布式控制系统的操作系统必须是强健的，以确保数据、控制和节点的真实性和有效性（Sinopoli et al. 2003）。

7.6.1.5　安全攻击

下面讨论了一些主要的基于网络的攻击。

· **拒绝服务攻击**：它是针对智能电网的网络攻击的一般形式之一。之所以被称为拒绝服务，因为它拒绝合法用户访问的正常服务。拒绝服务攻击是通过耗尽大量资源产生的，这种攻击会使特定网络无法访问，或攻击提供此类服务的服务器，使其具有巨大的流量或虚假的工作负载（Habash et al. 2013；Govindarasu et al. 2012）。

· **窃听攻击**：窃听攻击可以通过监控和获取攻击者需要的敏感信息实现，最终通过窃取用电信息，泄露智能电网的控制结构，使隐私泄露。通常，窃听技术被用于收集进一步攻击所需的信息。在智能电网环境中，攻击者可以收集并检查网络流量，从通信模式中推断出所需信息，并可能使通信无法进行造成流量分析攻击。

· **中间人攻击**：这种攻击涉及窃听两个合法实体之间通信的第三方，攻击者与受害者建立独立连接，并在它们之间转发消息以确保通信的可靠性。实际上，整个通信都是由攻击者控制的。

·**时间同步攻击**：这种攻击的目标是智能电网基础设施（SGI）中的定时信息，进而实现传输线故障检测、事件定位和电压稳定性监测，以及相量测量单元的三种应用（Aloul et al. 2012）。

·**路由攻击**：路由攻击是涉及网络基础路由设施的网络攻击。

·**恶意软件攻击**：恶意软件通过其系统软件、PLC 或协议来利用控制系统中的漏洞进行攻击。此类攻击会扫描网络以查找受害计算机内的漏洞，复制恶意软件有效负载以进行自我传播。

·**基于网络的入侵**：这种攻击通过设计不当或配置不当的防火墙来利用网络，以针对错误配置的入站规则和错误的出站规则进行攻击，使对手将恶意有效载荷注入控制系统中，以实现预期目的。

7.6.2 安全措施

现代的分布式控制系统（DCS）使用企业网络和互联网进行操作，这使得系统更多地暴露于网络威胁和漏洞之中（Knowles et al. 2015），如 2015 年 ICS-CERT 报告的漏洞数量是 2010 年的 24 倍，是 2014 年的 2 倍（Felker & Edwards 2015）正说明了这一点。2015 年的网络事件比 2014 年的增加了 20%（Felker & Edwards 2015）。分布式控制系统的安全问题和安全攻击直接导致了安全措施和安全对策的制定。安全措施旨在保护分布式控制系统免受安全漏洞和违规行为的侵害。各个行业、政府、标准化组织和研究人员意识到分布式控制系统和信息物理系统的重要性，制定了大量安全措施、标准、指南和最佳实践。大多数标准被发现是以美国的为基础（Knowles et al. 2015）。在分布式控制系统中，网络组件和物理组件是相互连接的，因此它们在安全性上是相互依赖的。安全性还主要取决于内部人员和外部人员对系统的人为行为和决策。网络控制系统会受到各种攻击，如隐形、重放、隐蔽和虚假数据注入。需要开发工具来分析和综合控制理论、博弈论和分布式控制系统网络优化的组合（Sandberg et al. 2015），表 7.4 列出了一些已知的分布式控制系统安全性研究。

表 7.4 分布式控制系统安全性研究论文

	论文	年份	国家	期刊 / 会议	描述
1	Alcaraz 和 Zeadally（2015）	2015	西班牙	国际关键基础设施保护杂志	技术趋势和安全问题，信任管理和隐私。重点关注工业控制系统的安全性，以便将新技术与传统系统集成
2	Teixeira 等（2012）	2012	瑞典	高信任网络系统国际会议	网络控制系统安全措施分析
3	Cárdenas 等（2008 年）	2008	美国	第 28 届分布式计算系统研讨会国际会议（IEEE）	讨论了安全控制系统，强大的网络控制系统，容错控制，并对 cps 安全控制系统中缺少的内容提出了四项要求
4	Boyer 和 Mcqueen（2007）	2008	美国	关键信息基础设施安全国际研讨会	建议用于化学加工厂的分布式控制系统的安全指标
5	Ralston 等（2007 年）	2007	美国	ISA 交易	讨论了与用于控制关键基础设施的 SCADA 和 DCS 网络的网络安全相关问题

最脆弱的分布式控制系统形式之一是数据采集与监控系统（SCADA）（Teixeira et al. 2012）。这主要是由于数据采集与监控系统网络中存在未受保护的信道和反馈回路（Teixeira et al. 2012），可以在三维空间中查看对此类系统的攻击模型，其中三维坐标分别为系统知识、公开资源和中断资源（Teixeira et al. 2012）。系统知识是攻击者对控制系统核心组件的了解程度，公开资源是攻击者从计算出的控制动作中收集的数据序列，中断资源提供可用于影响系统组件的攻击矢量。研究发现该框架适用于重放、零动态和偏置注入的攻击场景，但该模型无法分析其他攻击，如女巫攻击、窃听攻击、拒绝服务攻击等。跨层系统模型的开发是为了研究分布式控制系统的多智能体环境和分散性（Zhu et al. 2013）。该模型有助于研究和分析分布式控制系统中的性能和耦合性。恶作剧代理试图误导整个系统执行使用该模型研究攻击的不良行为。基于博弈论的反馈纳什均衡技术被用作这种攻击场景的解决方案（Zhu et al. 2013）。该机制用于计算系统的每个单元的分布式控制策略，但该框架需要实际实施，以验证预期的性能改进。

分布式控制系统中未经授权和未经认证的连接是另一个主要的安全问题。在智能电网这一关键基础设施中连接可能随时随地以任何方式出现。因此，强制实施一项保护智能电网免受可疑连接影响的策略至关重要。智能电网技术在其运行中需要大量的互操作性（Miller 2010）。互操作性将允许智能电网系统有效且高效地共享和使用可用信息，以采取正确的设计并执行预期的任务。

为了实现互操作性，策略实施系统用于在安全和可靠的架构中进行透明控制操作（Alcaraz et al. 2016）。该策略使用基于背景的方法、图论和基于角色的访问控制。在策略架构的第 1 阶段执行身份验证，在第 2 阶段执行授权，在第 3 阶段执行互操作性。该方法使用各种情景的模拟进行了测试，并被证明是有效的，但该方法没有考虑在控制系统运行期间可能出现的故障。

安全性是交通运输领域的主要问题之一，各种研究都集中在汽车安全措施的有效性上。现已发现当使用分布式传感、通信和决策，以分布式方式执行车辆控制时效率最高。因此，卢斯等人实施了一个分布式汽车控制模型，其中自适应巡航控制用于控制系统中的每辆汽车（Loos et al. 2011）。该模型将附近的汽车组织成一个包含单条车道上有两辆汽车的分层模块的集合，通过使用分布式控制模型，在局部和全局层面上为汽车提供安全保障。该模型在各种复杂的环境中设置了汽车间一定数量的自由碰撞，被证明可有效实现其安全性目标。不过，模型局限性在于并没有在实际环境中得到验证。而且，该模型也没有考虑时间同步、传感器数据不准确和车道曲率的问题。

7.7 风险

甲骨文公司已将风险定义为丢失、损坏或任何其他不良事件的可能性（Corporation 2008）。普华永道将其定义为"事件发生并对目标的实现产生不利影响的可能性"（Pricewaterhouse Coopers 2008）。因此，风险是指事件的不良的但又不可避免的可能性，需要对任何给定系统中涉及的风险进行评估。随着关键基础设施和工业自动化对信息物理控制系统的依赖性不断增加，分布式控制系统面临许多无法预见的安全威胁，这一系统可能会存在许多漏洞、威胁和安全问题，这些问题可能会导致社会灾难性事件。因此，需要一个高效且有效的风险管理系统来将系统中的风险水平保持在最低。如丘等人提出的（2011），风险管理由三部分组成，即风险评估、风险缓解和风险控制。工程师、管理者和操作员必须了解以上这三个部分中的问题，并知道如何找到所需的信息，这是至关重要的。

控制系统的安全指标包括 7 个风险管理理念，即安全组、攻击组、访问、漏洞、潜在损害、检测和恢复（Boyer & McQueen 2007）。这些理念中的每一个都包含有助于风险衡量和避免风险的原则和最佳实践。博伊尔和麦奎因使用数字建模，对基于 TCP/IP 且由 30 个分布式控制器组成的分布式控制系统的上述原则和指标，成功进行了测试。不过，该论文无法提供该模型在组件测试计数、攻击面和检测性能方面的有效性，而且它也没有提出对分布式控制系统安全风险进行定量测量的技术。根据另一项研究得出的结论是，风险管理过程包括 6 个步骤，即背景识别、风险评估、风险估计、风险评价、风险处理和风险承担（Knowles et al. 2015）。另一个小组也开发了一个六步框架，来降低分布式控制系统的安全风险（Ralston et al. 2007）。它从构建漏洞树开始，并对其进行效果分析和威胁影响。在此基础上，计算威胁影响指数和漏洞指数，并将其添加到树中以完成树。但就目前的文献来看，其缺乏实用的评估方法。安全管理领域的未来研究可能是组件安全性、实时风险评估、系统级安全评估、安全控制功能以及相互依赖建模。除此以外，还需要找到一种方法来量化系统中每个组件的风险。

在信息物理系统上实施并能够在分布式控制系统上使用的一些风险评估技术包括分层全息建模（Haimes 2015）、风险过滤分类和管理（Haimes et al. 2002），以及不可操作性输入 – 输出模型（Liu & Xu 2013）。一些有助于风险评估的工具有 RiskWatch、运行关键威胁资产和漏洞评估、Proteus 和 CORAS。

7.8　结论

分布式控制系统与信息物理系统密切相关。分布式控制系统的应用范围从大规模工业应用到关键基础设施，如水、运输、电力、医疗保健、国防和金融。该领域的问题是控制系统和计算机安全的交叉。受分布式控制系统控制的关键结构会受到网络攻击和物理攻击，这需要强大的安全保护和系统的风险评估技术，以确保关键基础设施的安全性和可用性。美国政府国土安全部采取的举措证明了其重要性。美国政府（2002）和英国政府（2008）都制定了分布式控制系统的指导方针。

本章试图从信息物理系统的角度来研究分布式控制系统。文中已经研究讨论了有关设计、建模、架构和管理的问题。安全问题是分布式控制系统最重要的方面，在这一领域非常重要。分布式控制系统的当前发展状态需要一个安全和风险框架，能够解决系统的物理和分布式方面的问题。由于系统以分布式方式而非集中式方式运行，因此可以理解，网络中的每个节点都被赋予了一定的通信和决策能力。所以，出于安全目的，维护节点间的信任和信誉是至关重要的。然而，信任和信誉的概念尚未在分布式控制系统领域得到实施或研究。因此，未来研究需要集中在信任、信誉和风险管理框架的组合上，以提高分布式控制系统的安全和性能。

参考文献

Alcaraz, C., Lopez, J., & Wolthusen, S.（2016）. Policy enforcement system for secure interoperable control in distributed smart grid systems. *Journal of Network and Computer Applications*, *59*, 301–314.

Alcaraz, C., & Zeadally, S.（2015）. Critical infrastructure protection：Requirements and challenges for the 21st century. *International Journal of Critical Infrastructure Protection*, *8*, 53–66.

Aloul, F., Al-Ali, A., Al-Dalky, R., Al-Mardini, M., & El-Hajj, W.（2012）. Smart grid security：Threats, vulnerabilities and solutions. *International Journal of Smart Grid and Clean Energy*, *1*, 1–6.

Ansari, S., & Janghel, R. R.（2013）. A dynamic approach to generate behavior patterns of virus and worms for intrusion detection system. *International Journal of Advanced Research in Computer Science*, *4*.

Bae, K., Krisiloff, J., Meseguer, J., & Ölveczky, P. C.（2015）. Designing and verifying distributed cyber-physical systems using Multirate PALS：An airplane turning control system case study. *Science of Computer Programming*, *103*, 13–50.

Bologna, S., Fasani, M. A., & Martellini, M.（2013）. The importance of securing industrial control systems of critical infrastructures. *General Secretariat*. Como, Italy：Landau Network. Retrieved January, 14, 2014.

Bolognani, S., Carli, R., Cavraro, G., & Zampieri, S.（2015）. Distributed reactive power feedback control for voltage regulation and loss minimization. *IEEE Transactions on Automatic Control*, *60*, 966–981.

Boyer, W., & Mcqueen, M.（2007）. Ideal based cyber security technical metrics for control systems. In *International Workshop on Critical Information Infrastructures Security*（pp. 246–260）. Springer.

Bradley, J. M., & Atkins, E. M.（2015）. Coupled cyber-physical system modeling and coregulation of a cubesat. *IEEE Transactions on Robotics*, *31*, 443–456.

Cardenas, A. A., Amin, S., & Sastry, S.（2008）. Secure control：Towards survivable cyber-physical systems. *System*, *1*, a3.

Cárdenas, A. A., Amin, S., & Sastry, S.（2008）. Research challenges for the security of control systems. In *HotSec*.

Cho, J.-H., Swami, A., & Chen, I.-R. (2011). A survey on trust management for mobile ad hoc networks. *Communications Surveys & Tutorials*, *IEEE*, *13*, 562–583.

Colombo, A. W., Karnouskos, S., & Bangemann, T. (2014). Towards the next generation of industrial cyber-physical systems. In *Industrial cloud-based cyber-physical systems*. Springer.

Corporation, O. (2008). Risk Analysis Overview. http://www.oracle.com/us/ products/ middleware/bus-int/crystalball/risk-analysis-overview-404902.pdf, Date accessed: 6 /10/ 2015.

Felderer, M., Katt, B., Kalb, P., Jürjens, J., Ochoa, M., Paci, F., et al. (2014). Evolution of security engineering artifacts: A state of the art survey. *International Journal of Secure Software Engineering* (*IJSSE*), *5*, 48–98.

Felker, J., & Edwards, M. (2015). *NCCIC/ICS-CERT year in review*. FY 2015.

Ge, X., Yang, F., & Han, Q.-L. (2015). Distributed networked control systems: A brief overview. *Information Sciences*.

Giordano, A., Spezzano, G., Vinci, A., Garofalo, G., & Piro, P. (2014). A cyber-physical system for distributed real-time control of urban drainage networks in smart cities. In *International Conference on Internet and Distributed Computing Systems* (pp. 87–98). Springer.

Govindarasu, M., Hann, A., & Sauer, P. (2012). Cyber-physical systems security for smart grid. In *The future grid to enable sustainable energy systems*. PSERC Publication.

Habash, R. W., Groza, V., & Burr, K. (2013). Risk management framework for the power grid cyber-physical security. *British Journal of Applied Science & Technology*, *3*, 1070.

Haimes, Y. Y. (2015). *Risk modeling, assessment, and management*. Wiley.

Haimes, Y. Y., Kaplan, S., & Lambert, J. H. (2002). Risk filtering, ranking, and management framework using hierarchical holographic modeling. *Risk Analysis*, *22*, 383–397.

Harrison, R., McLeod, C. S., Tavola, G., Taisch, M., Colombo, A. W., Karnouskos, S., et al. (2014). Next generation of engineering methods and tools for SOA-based large-scale and distributed process applications. In *Industrial cloud-based cyber-physical systems*. Springer.

Hieb, J., Graham, J., & Patel, S. (2007). Security enhancements for distributed control systems. In *International Conference on Critical Infrastructure Protection* (pp. 133–146). Springer.

House, T. W. (2014). *Co-ordination of federal information security policy* [Online]. The United States Government. Available: https://www.whitehouse.gov/sites/default/files/ omb /legislative/letters/coordination-of-federal-information-security-policy.pdf. Accessed July 15, 2016.

Ilic, M. D., Xie, L., Khan, U. A., & Moura, J. M. (2010). Modeling of future cyber–physical energy systems for distributed sensing and control. *IEEE Transactions on Systems, Man, and Cybernetics-Part A: Systems and Humans*, 40, 825–838.

Innovations, R.-T. (2014). *Four keys to securing distributed control systems.* California, US: Real-Time Innovations.

Jagadamba, G., Sharmila, S., & Gouda, T. (2014). A secured authentication system using an effective keystroke dynamics. In *Emerging research in electronics, computer science and technology.* Springer.

Jelasity, M., Montresor, A., & Babaoglu, O. (2005). Gossip-based aggregation in large dynamic networks. *ACM Transactions on Computer Systems (TOCS)*, 23, 219–252.

Khan, U. A., Ili, M. D., & Moura, J. M. (2008). Cooperation for aggregating complex electric power networks to ensure system observability. In *First International Conference on Infrastructure Systems and Services: Building Networks for a Brighter Future (INFRA)* (pp. 1–6). IEEE.

Khan, U. A., Kar, S., & Moura, J. M. (2009). Distributed sensor localization in random environments using minimal number of anchor nodes. *IEEE Transactions on Signal Processing*, 57, 2000–2016.

Khan, U. A., & Moura, J. M. (2008). Distributed iterate-collapse inversion (DICI) algorithm for L-banded matrices. In *IEEE International Conference on Acoustics, Speech and Signal Processing* (pp. 2529–2532). IEEE.

Kim, K.-D., & Kumar, P. R. (2012). Cyber–physical systems: A perspective at the centennial. *Proceedings of the IEEE*, 100, 1287–1308.

Knapp, E. D., & Langill, J. T. (2014). *Industrial network security: Securing critical infrastructure networks for smart grid, SCADA, and other Industrial Control Systems.* Syngress.

Knowles, W., Prince, D., Hutchison, D., Disso, J. F. P., & Jones, K. (2015). A survey of cyber security management in industrial control systems. *International Journal of Critical Infrastructure Protection*, 9, 52–80.

Kriaa, S., Pietre-Cambacedes, L., Bouissou, M., & Halgand, Y. (2015). A survey of approaches combining safety and security for industrial control systems. *Reliability Engineering & System Safety*, 139, 156–178.

Li, B., Nie, L., Wu, C., Gonzalez, H., & Lu, C. (2015). Incorporating emergency alarms in reliable wireless process control. In *Proceedings of the ACM/IEEE Sixth International Conference on Cyber-Physical Systems* (pp. 218–227). ACM.

Li, H., Han, Z., Dimitrovski, A. D., & Zhang, Z. (2014). Data traffic scheduling for cyber physical systems with application in voltage control of distributed generations: A hybrid system framework. *IEEE Systems Journal*, 8, 542–552.

Liu, M., & Xu, W. (2013). The approach for critical infrastructure sectors classification using the inoperability input-output model (IIM). In *6th International*

Conference on Information Management, Innovation Management and Industrial Engineering (pp. 7–10) . IEEE.

Loos, S. M., Platzer, A., & Nistor, L. (2011) . Adaptive cruise control: Hybrid, distributed, and now formally verified. In *International Symposium on Formal Methods* (pp. 42–56) . Springer.

Mangharam, R., & Pajic, M. (2013) . Distributed control for cyber-physical systems. *Journal of the Indian Institute of Science, 93*, 353–387.

Miller, C. (2010) . *Interoperability and cyber security plan. NRECA CRN smart grid regional demonstration.* Arlington, Virginia, USA: Cigital Inc., Cornice Engineering Inc., Power Systems Engineering.

Mocci, S., Natale, N., Pilo, F., & Ruggeri, S. (2015) . Demand side integration in LV smart grids with multi-agent control system. *Electric Power Systems Research, 125*, 23–33.

Morris, T., Vaughn, R., & Dandass, Y. S. (2011) . A testbed for SCADA control system cybersecurity research and pedagogy. In *Proceedings of the Seventh Annual Workshop on Cyber Security and Information Intelligence Research* (pp. 27) . ACM.

Pajic, M., Sundaram, S., Pappas, G. J., & Mangharam, R. (2011) . The wireless control network: A new approach for control over networks. *IEEE Transactions on Automatic Control, 56*, 2305–2318.

Pappas, V., Athanasopoulos, E., Ioannidis, S., & Markatos, E. P. (2008) . Compromising anonymity using packet spinning. In *International Conference on Information Security* (pp. 161–174) . Springer.

Posadas, J. L., Poza, J. L., Simó, J. E., Benet, G., & Blanes, F. (2008) . Agent-based distributed architecture for mobile robot control. *Engineering Applications of Artificial Intelligence, 21*, 805–823.

Pricewaterhousecoopers. (2008) . *A practical guide to risk assessment.*

Qian, F., Xu, G., Zhang, L., & Dong, H. (2015) . Design of hybrid NC control system for automatic line. *International Journal of Hybrid Information Technology, 8*, 185–192.

Ralston, P. A., Graham, J. H., & Hieb, J. L. (2007) . Cyber security risk assessment for SCADA and DCS networks. *ISA Transactions, 46*, 583–594.

Rauter, T. (2016) . Integrity of distributed control systems. In *Student Forum of the 46th Annual IEEE/IFIP International Conference on Dependable Systems and Networks.*

Sandberg, H., Amin, S., & Johansson, K. (2015) . Cyberphysical security in networked control systems: An introduction to the issue. *Control Systems, IEEE, 35*, 20–23.

Sinopoli, B., Sharp, C., Schenato, L., Schaffert, S., & Sastry, S. S. (2003) . Distributed control applications within sensor networks. *Proceedings of the IEEE, 91*, 1235–1246.

Solomon, M. G., & Chapple, M. (2009) . *Information security illuminated*. Jones & Bartlett Publishers.

Stehr, M.-O., Kim, M., & Talcott, C. (2010) . Toward distributed declarative control of networked cyber-physical systems. In *Ubiquitous intelligence and computing*. Springer.

Stouffer, K., Falco, J., & Scarfone, K. (2011) . Guide to industrial control systems (ICS) security. *NIST Special Publication*, *800*, 16–16.

Teixeira, A., Pérez, D., Sandberg, H., & Johansson, K. H. (2012) . Attack models and scenarios for networked control systems. In *Proceedings of the 1st International Conference on High Confidence Networked Systems* (pp. 55–64) . ACM.

UK. (2008) . *Good practice guide—Process control and SCADA security* [Online]. London: Centre for the Protection of National Infrastructure. Available: http://www.cpni. gov.uk/documents/publications/2008/2008031-gpg_scada_security_good_practice.pdf? epslanguage=en-gb. Accessed May 11, 2016.

US. (2002) . *21 steps to improve cyber security of SCADA networks* [Online]. Washington: US Department of Energy. Available: http://www.energy.gov/sites/prod/files/ oeprod/DocumentsandMedia/21_Steps_-_SCADA.pdf. Accessed May 11, 2016.

Weiss, J. (2010) . *Protecting industrial control systems from electronic threats*. Momentum Press.

Zhang, X., Clark, M., Rattan, K., & Muse, J. (2015) Controller verification in adaptive learning systems towards trusted autonomy. In *Proceedings of the ACM/IEEE Sixth International Conference on Cyber-Physical Systems* (pp. 31–40) . ACM.

Zhang, Z., & Chow, M.-Y. (2012) . Convergence analysis of the incremental cost consensus algorithm under different communication network topologies in a smart grid. *IEEE Transactions on Power Systems*, *27*, 1761–1768.

Zhong, H., & Nof, S. Y. (2015) . The dynamic lines of collaboration model: Collaborative disruption response in cyber–physical systems. *Computers & Industrial Engineering*, *87*, 370–382.

Zhu, Q., & Basar, T. (2015) . Game-theoretic methods for robustness, security, and resilience of cyberphysical control systems: games-in-games principle for optimal cross-layer resilient control systems. *IEEE Control Systems*, *35*, 46–65.

Zhu, Q., Bushnell, L., & Basar, T. (2013) Resilient distributed control of multi-agent cyber-physical systems. In D. C. Tarraf (Ed.), *Lecture notes in control and information sciences* (pp. 301–316) . The Johns Hopkins University, Springer.

第 8 章
信息物理系统标准

信息物理系统已成为现有无线传感器网络和嵌入式系统的增强版本。该平台应用程序的快速增长需要标准化的指导原则，以确保在此环境中部署的各种组件之间的无缝操作和相互兼容。信息物理系统中集成的组件包括传感、计算、通信和控制单元。全球范围内一些机构和组织试图通过以标准的形式提出一套规则来解决这一问题。在本章中，我们对标准进行了一般性的定义，并详细讨论了在信息物理系统领域中需要标准的原因，同时还将介绍信息物理系统中的嵌入式系统以及网络安全标准，研究和分析有关信息物理系统与其他组件的可用标准。

8.1 在信息物理系统中我们为什么需要标准

标准被定义为"定义产品、生产过程、服务或测试方法要求的技术规范"。这些规范是自愿的。它们是由行业和市场参与者遵循一些基本原则开发的，例如共识、开放、透明和非歧视。标准确保互操作性和安全性，降低成本并促进公司在价值链和贸易中的整合（CEN 2016a）。欧洲电信标准协会（ETSI 2016）则将标准定义为"一份由公认机构一致同意并批准的文件，该文件为共同和重复使用的活动或其结果提供规则、指南或特征，旨在实现给定环境下的最佳秩序"。

一个标准也可以被定义为一个已发表的文件，它是由主要的科学家共同构建的，然后由一个公认的机构批准。标准为特定的任务、产品、系统或服务提供要求、规范、规则、指南和方针。它们通过提供定义质量和安全标准的通用语言，帮助实现最佳的秩序、可靠性、安全性、一致性和性能（Australia 2015；IEC 2015；ISO Commission）。

制定标准是用来满足公司、地方、地区或全球的应用，也是为特定的产品或服务规范而创建的。标准可以在自愿的基础上使用，或者在大多数情况下，它是公司政策或国际法规或法律的要求（ETSI 2016）。通过解决互联和互操作性的关键性要求，标准在信息和通信技术领域发挥着重要作用。它们对安全性、可靠性和环境保护也很重要。标准为企业、团体和个人提供了许多益处，其中一个主要益处是便于各利益相关方对特定领域的理解和管理。标准对于企业非常重要，他们经常在以下情况下采用标准，如业务需求和要求、监管机构和指令。艾哈迈德和穆罕默德（2012）认为，采用标准的主要原因是为了满足某些领域的企业需求，因为缺乏专业知识阻碍了基于员工能力的专有标准的建立。

8.2 信息物理系统标准中的嵌入式系统

信息物理系统是物理、传感、计算、控制和网络元素的组合（Ali et al. 2015）。一组传感器允许这些系统感知物理环境，并通过控制器和执行器模块对系统中的物理变化做出相应的反应。信息物理系统在航空、国防、能源分配和卫生部门中都有应用（Rho et al. 2016）。

嵌入式系统为信息物理系统奠定了基础。马威德尔（2010）讨论了信息物理系统与嵌入式系统之间的关系，以及嵌入式系统如何成为信息物理系统的基石，他还分析了使用嵌入式系统的信息物理系统设计，并提供了一些关于要求、挑战、约束、应用、软件编码和所有其他与信息物理系统设计相关的概念的规范。信息物理系统建立在嵌入式系统和传感器网络的研究领域上（Parvin et al. 2013）。李（2010）将信息物理系统描述为信息和物理领域的交集，而不仅仅是一个组合。而布罗伊等人（2012）、布罗伊和施密特（2014）则将信息物理系统定义为"嵌入式系统与互联网等全球网络的集成"，并且将迈向信息物理系统的第一步确定为网络化嵌入式系统。一些学者列举了其他技术，如互联网业务、射频识别（RFID）、语义网，以及安卓、火狐等应用作为信息物理系统的驱动力。而马古拉努等人（2013）将信息物理系统称为"通过有线／无线连接的大规模分布式异构嵌入式系统"，后来又称为"嵌入分布式系统"。

因此，从组织、业务、技术和社会的角度来看，在信息物理系统中的嵌入式系统下，提及建立当前可用的标准是很重要的。除那些专门为信息物理系统设计的标准之外，值得注意的是，目前，有相当多组织负责研究和发布电气和电子领域的若干方面的标准，其中一些组织如下：

- 国际电工委员会（IEC）；
- 国际标准化组织（ISO）；
- 美国国家标准协会（ANSI）；
- 国际电信联盟（ITU）；
- 电气和电子工程师协会（IEEE）；
- 国家标准与技术研究院（NIST）；
- 电子联机工业协会（IPC）；
- 国际汽车工程师协会（SAE）。

上述组织制定和标准涵盖了各个方面，如硬件安装、软件语言、测试设备、设计和建模、保护和安全等。另外，有些标准从国家 / 民族的角度发布的，因为世界上大多数国家要么稍加修改直接采用上述国际组织的标准，要么为特定目的创建自己的标准。其中一些国家组织如下：

- 加拿大标准协会（CSA）；
- 系统管理、审计、网络和安全协会标准（SANS）；
- 中国标准化管理局；
- 韩国工业标准；
- 日本标准协会；
- 俄罗斯国家标准；
- 英国标准协会（BS）；
- 欧洲电信标准协会；
- 德国标准化研究所；
- 法国标准化协会；
- 荷兰标准化研究所（NEN）；
- 丹麦标准（DS）；
- 西班牙标准化与认证标准协会（AS）等。

表 8.1 列出了与嵌入式系统和信息物理系统相关的标准。

从表 8.1 可以看出，大部分组织都根据其信息技术领域制定了标准。其中一些是国家标准（中国、日本和俄罗斯）。在某些标准中，也存在一些冗余的区域，例如，电子联机工业协会（IPC）和国际电工委员会（IEC）都有自己的 PCB 技术标准。很明显，每个技术领域都没有单一的组合标准，而其他一些标准也在不断修订和更新，以便其中添加信息技术领域的最新成果。因此，对于组织和用户来说，从这些不同标准中做出有效选择通常是具有挑战性的。

表 8.1　CPS 标准中的嵌入式系统

	领域	标准	发布年份	定义	地区采用标准
ANSI/SCTE	有线电视	24（1-23）	2009—2013	协议、安全性、应用	CSA，AS
	光纤电缆	165（1-21）	2009	框架，安装，安全，协议，管理	
	嵌入式电缆调制解调器	107	2009	模型，要求，测试	
ISO/IEC	生物识别技术	29，164	2011&2013	框架，编码，安全，管理	ANSI，SANS，NEN
	软件工程	25，051	2006&2014	产品质量要求，功能，可靠性，可用性，效率，可维护性，便携性，和测试	
	计算机图形和图像处理	180xx	2006—2014	编程语言，编码和解码	ANSI，NEN，DS，AS
		1977x	2008—2015		
	混合和增强现实	1852x	TBA	模型，物理传感器和表示	
	芯片设计（高速I/O）	18，372	2004	规格，型号，协议，方针	NEN（2005）
	复杂嵌入式系统	9496：	2003&2010	编程语言 CHILL，模型和类，输入/输出，结构，规范和语法	ANSI
IPC	印刷电路板	601（1-8），9151，9194，9199，9252，9631，9641，9691	1999—2013	规格，资格和性能，可靠性基准，规范，质量，测试和模拟	
	嵌入式技术	2316，4811，4821，7091	2006—2007	设计指南和规格	
	嵌入式无源器件设备	EMBPASWP309	2009	实施，福利和成本	
	嵌入式组件打包	709（2-5）	2009—2013	设计和装配过程实施	

续表

	领域	标准	发布年份	定义	地区采用标准
IEC	印刷电路板	61，188（1-7）	1997—2009	设计和使用	
	芯片测试	62，528	2007	测试	BS，NEN
IEEE	嵌入式核心集成电路	1500	2009	可测试性方法	
	半导体器件中的仪器	1687	2014	访问和控制	
	信息技术	1003（1-26）	1991—2013	测试，操作系统，接口，语言和应用	
	数字系统	1450（1-6）	1999—2014	标准测试接口语言	
SAE	分布式嵌入式系统	J2356	2007	建筑模型和图形技术	
	能量	AS 90335A 和 MIL DTL 32385	2011	连接器，插座，插头适配器，PCB，面板	
	嵌入式和实时系统软件	AS 5506	2012	架构分析与设计语言（AADL）	
	车载嵌入式系统软件	J2640	2008	编程，硬件/软件接口，多线程系统最佳方法，验证标准的最佳方法	
AIAG	复杂和嵌入式系统	PMCE	2008	项目管理，产品完整性和计划质量	
SA 中国	智能卡	GB/T 20276	2006	信息安全和嵌入式软件	
	嵌入式软件	GB/T 28169	2011	C 语言编码，测试和应用	
		GB/T 28171	2011	可靠性试验	
		GB/T 28172	2011	质量保证要求	
	嵌入式系统生命周期	GB/T 28173	2011	应用程序管理，工程过程和实现框架	
JSA（日本）	嵌入式系统开发	JIS×0180	2011	框架和指南	
RNS 俄罗斯	嵌入式系统软件	GOST R 51904	2002	嵌入式系统的要求，文档和开发	

8.3 信息物理系统标准

信息物理系统领域的不断增长需要一套规则和程序来管理，以确保产品和服务的一致性。一套标准的存在将有助于实现一致性，并允许信息物理系统与主流基础设施无缝接轨。由于信息物理系统的本质是工程、信息和通信技术的跨学科方法的结果（Shi et al. 2011），因此它成了一个有趣的标准主题。在本章中，我们研究了与信息物理系统相关的不同标准，以及在标准中发布主体如何处理信息物理系统的相关问题。本章回顾了相关标准，并试图找出这些标准未能涵盖的部分。根据调查结果，适用于信息物理系统的标准可根据其所关注的领域分为三类：管理标准、操作标准和技术标准，如图 8.1 所示。

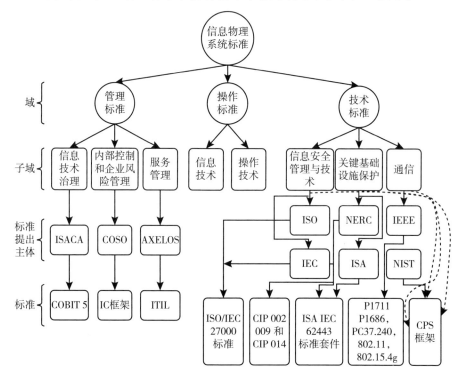

图 8.1　基于域焦点的信息物理系统分类

管理标准旨在弥合业务和技术之间的差距。这些标准包括三个关键领域：信息技术治理、内部控制和企业风险管理，以及服务管理。信息技术治理包括由信息系统审计和控制协会（ISACA）开发的信息和相关技术控制目标（COBIT），主要关注组织中信息技术治理和风险管理的重要性（Tuttle & Vandervelde 2007）。赞助组织委员会（COSO）也发布了一个综合控制框架，主要处理内部控制和企业风险管理（Laura & Michael 2003）。第三个部分是服务管理，其中信息技术基础架构库（ITIL）推荐了几种信息技术实践，倡导了与业务需求的一致性（Axelos 2016）。

操作标准是技术常规实践规定的指导原则。操作标准可以分解为信息技术和操作技术。

管理信息物理系统的技术标准可以根据它们所涉及的不同方面分为几个领域，例如信息安全管理和技术、关键基础设施保护和通信。这些领域各自的标准总结见图 8.1。

信息安全管理主要处理组织内资产的保护和安全，并指导与安全机制和技术有关的操作规范。而关键基础设施保护可以控制组织的关键网络资产的安全保护，执行关键的电子系统功能，其故障将产生影响操作的可靠性。遵守通信标准有助于通过建立普遍接受的协议作为基准来维护平台和设备之间的互操作性。以下部分将介绍根据技术标准分类的一些标准，见图 8.1。

一些国际组织和联盟试图建立普适的协议。国际标准化组织（ISO），北美电力可靠性公司（NERC）和电气电子工程师学会（IEEE）是这方面的关键贡献者。在国际标准化组织（ISO）和国际电工委员会（IEC）的共同努力下，ISO 27000 系列标准被定义为保护信息标准。 ISO 27001 在业内以概述安全管理敏感企业信息的系统方法而闻名（ISO 2013a），该标准推出了信息安全管理系统（ISMS）的要求。另一个属于同一组标准的标准是 ISO / IEC 27002：2013，它适用于决定组织信息安全风险环境的控制因素（ISO 2013b）。ISO / IEC 27003：2010 侧重于成功的信息安全管理系统的设计和实施阶段（ISO 2010）。ISO / IEC 27004：2009 标准也是该系列的一部分，指导如何使用指标来评估信息安全管理系统（ISMS）的有效性（ISO 2009）。

北美电力可靠性公司（NERC）的标准主要针对关键基础设施保护领域，其发布的关键基础设施保护网络安全标准将组织的信息资产视为业务流程的重要组成部分。它从管理角度介绍了一系列保护网络资产的控制措施。从 CIP 002 到 CIP 009 的现行标准涵盖了网络安全的特定方面。这些方面包括从识别关键网络资产和控制，到针对事件报告的培训，以及这些资产在出现任何故障时的恢复计划。CIP 014 涉及物理安全方面，即传输站或变电站及其相关控制中心的物理损坏可能会由于可能的物理攻击而导致不稳定（NERC 2008）。

信息系统审计组织（ISA）和国际电工委员会已经共同起草了 IEC-62443 系列标准，这一系列标准定义了工业自动化和控制系统（IACS）的安全实施程序（IEC 2013；ISA 2009）。电气电子工程师学会提出了一些指导方针，用于管理与通信相关的几个方面。电气电子工程师学会制定的标准解决了通信安全、网络规范、智能电子设备标准和变电站网络安全要求的若干要素（IEEE 2010，2014）。国家标准与技术研究所对信息物理系统的几个方面进行了详细的研究。该组织设计了一个涵盖信息物理系统和系统工程过程的所有维度的综合框架（PWG 2015）。该框架的目的是指导信息物理系统的设计和构建过程，并作为验证信息物理系统的基准。这样的共同基础将有助于开发出安全可靠的可互操作的信息物理系统，并使之遵循广泛采用的一套准则。

8.4 区域性信息物理系统标准

除了上面讨论的标准之外，其他一些区域性组织也开始为日益增长的信息物理系统领域做出贡献。欧洲标准化委员会（CEN）考虑到欧盟（EU）管辖范围内各国的利益，将 33 个欧洲国家的标准发布机构聚集在一起。这项努力旨在就适用于产品、材料、服务和流程的规范和其他技术信息建立共识（CEN 2016a，b）。另一个常见的区域性标准化机构是欧洲电信标准协会（ETSI），该协会发布适用于整个欧洲大陆标准化的标准。虽然只是欧盟官方认可的标准化机构，但这些机构在移动电话和智能电网等领域的标准已经成为全球适用的标准。他们拥有来自 66 个国家的 800 多个成员组织（ETSI 2016）。

海湾合作委员会（GCC）成员国和也门也受其区域性标准化组织 GCC 标准化组织（GSO）的约束（Cerna 2015 GSO）。表 8.1 列出了 GSO 发布的适用于信息物理系统的主要标准。作为一个仍处于起步阶段的组织，据说它会审查现有的全球标准，并在认为合适时，针对该组织尚未涉及的领域采用这些标准。规范和标准总局规定了特别适用于阿曼苏丹国的指导方针（ISO 2016）。

8.5　信息物理系统标准：比较分析

已发布的信息物理系统标准为解决信息物理系统中的问题做出了巨大努力。本章前面讨论的大多数标准都强调了基于诸如信息安全技术和管理、关键基础设施元素的保护以及管理通信实践等领域的问题。除了解决与平台相关的这些主要问题，还必须特别关注网络安全。信息物理系统十分重要，但由于网络犯罪率上升，并且与独立平台相比，通过信息物理系统持续不断传递的信息流存在更大的安全风险，人们需要特别关注网络安全。（Atzori et al. 2010；Gandhi 2012；Harrison & Pagliery 2015）。

表 8.2 列出了与信息物理系统相关的标准，每个标准都关注特定的领域。鉴于各个标准发布机构主要关注的领域，大多数标准都是基于单维模型开发的，仅针对其特定的工作领域。这些标准非常系统地概括了与其领域相关的问题。虽然这些标准是在综合研究的基础上发展起来的，但大多数标准都未能满足信息物理系统所要求的多学科平台的要求。

ISACA、COSO 和 AXELOS 等机构非常好地解决了信息物理系统管理的组织方面的问题。它们针对不同框架中，信息技术治理、内部控制、企业风险管理和服务管理等领域的最佳实践、策略和程序进行了深入介绍。为了对信息物理系统的管理方面有一个广泛的了解，必须将所有上述内容结合起来实施。

如本章前面所讨论的，操作标准分为信息技术和操作技术。信息物理系统操作方面的最佳实践和建议尤其取决于基础设施所在的组织设置。还需要注意的是，当前缺乏一个标准发布机构来解决该领域下的问题。

这些标准与众所周知的组织（如 ISO、IEC、NERC、ISA 和 IEEE）之间的差距在于，这些标准在单独处理每个元素的孤立性。例如，ISO 27000 标准套件几乎全面涵盖了信息安全管理和技术领域。另外，通信协议由不同的 IEEE 标准解决。这里的问题是，信息物理系统是一个庞大的平台，上述标准涵盖的领域只是其中的一个子集。信息物理系统广泛要求采用全面和结构化的方法，涵盖平台所涉及的各种概念。这就是美国国家标准技术研究所起草的信息物理系统框架相对于其同行具有显著优势的地方（PWG 2015）。

美国国家标准技术研究所通过其公共工作组（PWG）在其平台框架中广

泛涵盖了与信息物理系统相关的不同方面和领域（PWG 2015）。该框架旨在通过为行业建立一个共同的知识体系来对信息物理系统进行全面分析。由于信息物理系统是一个多方面的平台，对其每个要素进行详细评估至关重要。与表8.2中的其他标准不同，美国国家标准技术研究所做出了更大的努力来确定信息物理系统框架中的所有主要组成部分，并讨论了基于不同的领域、方面和关注点的平台。虽然该框架还处于初期阶段，但它仍然考虑到了信息物理系统的基本概念以及与其他几个领域相关的交叉问题。在采用精心设计的信息物理系统标准套件的背景下，作者认为美国国家标准技术研究所起草的框架在解决对架构成功至关重要的问题时绝对公正。但是，在采用信息物理系统时需要考虑一些重要的特征。例如，网络安全是当今数字资产的一个重要问题，而信息物理系统的网络元素使得该领域也因其共同利益而易受一定程度的风险影响。

表 8.2　适用于 CPS 的标准比较

域名标准（发行机构）	管理				技术		
	IT 治理	内部控制	企业风险管理	服务管理	信息安全管理和技术	关键基础设施保护	通信
COBIT 5（ISACA）	√						
IC Framework（COSO）		√	√				
ITIL（AXELOS）				√			
ISO / IEC 27000 套件（ISO / IEC）					√		
CIP 002–009 和 CIP 014（NERC）						√	
ISA.IEC 62443 套件（ISA / IEC）						√	
P1711，P1686，PC37.240，802.11 和 802.15.4g（IEEE）							√
CPS 框架（NIST）					√	√	√

8.6　结论

信息物理系统是物理、传感、计算、控制和网络元素的组合。由于信息物理系统领域的不断增长，需要可以管理平台的规则和程序，从而确保产品和服务的一致性。一系列标准的存在将有助于实现一致性，并允许信息物理系统与主流基础设施的无缝集成。信息物理系统领域有许多标准，分为三大类：管理、操作和技术。尽管已发布的信息物理系统标准在解决其问题方面做出了很大努力，但仍然需要一套处理信息物理系统安全性的规则和程序。

参考文献

Al-Ahmad, W., & Mohammad, B.（2012）. Can a single security framework address information security risks adequately? *International Journal of Digital Information and Wireless Communications*, *2*, 222–230.

Ali, S., Anwar, R. W., & Hussain, O. K.（2015）. Cyber security for cyber physical systems：A trust-based approach. *Journal of Theoretical and Applied Information Technology*, *71*, 144–145.

Atzori, L., Iera, A., & Morabito, G.（2010）. The internet of things：A survey. *Computer Networks*, *54*, 2787–2805.

Australia, S.（2015）. *What is a standard?* [Online]. Standards Australia. Available：http://www.standards.org.au/StandardsDevelopment/What_is_a_Standard/Pages/ default. aspx. Accessed September 28, 2015.

AXELOS.（2016）. *What is ITIL*® *best practice?* [Online]. Axelos. Available：https:// www.axelos.com/best-practice-solutions/itil/what-is-itil. Accessed January 25, 2016.

Broy, M., Cengarle, M. V., & Geisberger, E.（2012）. Cyber-physical systems：Imminent challenges. In *Large-scale complex IT systems. Development*, *operation and management*. Springer.

Broy, M., & Schmidt, A.（2014）. Challenges in engineering cyber-physical systems. *Computer*, 70–72.

CEN.（2016a）. *European standardization* [Online]. European Committee for Standardization. Available：http://www.cen.eu/you/EuropeanStandardization/Pages /default. aspx. Accessed January 20, 2016.

CEN.（2016b）. *Who we are* [Online]. European Committee for Standardization. Available：http://www.cen.eu/about/Pages/default.aspx. Accessed January 22, 2016.

Cerna, F. D. L.（2015）. *How green are we?* [Online]. Thomson Reuters Zawya. Available：https://www.zawya.com/story/How_green_are_we-ZAWYA20150513074331/.

Accessed January 18, 2016.

Commission, I. E. (2016) . International Standards and Conformity Assessment for all electrical, electronic and related technologies. http://www.iec.ch/standardsdev /publications/is.htm, Accessed on: November 28th, 2016.

ETSI. (2016) . *Our standards* [Online]. European Telecommunication Standardization Institute. Available: http://www.etsi.org/standards. Accessed January 25, 2016.

Gandhi, K. (2012) . An overview study on cyber crimes in internet. *Journal of Information Engineering and Applications*, 2.

GSO. *Standards* [Online]. GCC Standardization Organisation. Available: http://www.gso.org.sa/gso-website/gso-website/activities/standards. Accessed January 20, 2016.

Harrison, V., & Pagliery, J. (2015) . *Nearly 1 million new malware threats released every day* [Online]. CNN Money. Available: http://money.cnn.com/2015/04/14/technology/security/cyber-attack-hacks-security/. Accessed October 13, 2015.

IEC. (2013). *Industrial communication networks—Network and system security* [Online]. International Electrotechnical Commission. Available: https://webstore.iec.ch/publication/7033. Accessed March 9, 2016.

IEC. (2015) . *International standards (IS)* [Online]. International Electrotechnical Commission. Available: http://www.iec.ch/standardsdev/publications/is.htm. Accessed September 28, 2015.

IEEE. (2010) . *IEEE SA—P1711—Standard for a cryptographic protocol for cyber security of substation serial links* [Online]. Institute of Electrical and Electronics Engineers. Available: https://standards.ieee.org/develop/project/1711.html. Accessed March 9, 2016.

IEEE. (2014) . *IEEE SA C37.240-2014—IEEE Standard cyber security requirements for substation automation, protection, and control systems* [Online]. Institute of Electrical and Electronic Engineers. Available: https://standards.ieee.org/findstds/standard/C37.240-2014.html. Accessed March 9, 2016.

ISA. (2009) . *ISA99, Industrial automation and control systems security* [Online]. International Society for Automation. Available: https://www.isa.org/isa99/. Accessed March 9, 2016.

ISO. *Standards* [Online]. International Organization for Standardization. Available: http://www.iso.org/iso/home/standards.htm. Accessed January 14, 2016.

ISO. (2009) . *ISO/IEC 27004: 2009 Information technology—Security techniques—Information security management—Measurement* [Online]. International Organization for Standardization. Available: http://www.iso.org/iso/catalogue_detail?csnumber=42106. Accessed January 20, 2016.

ISO. (2010) . *ISO/IEC 27003: 2010 Information technology—Security techniques—Information security management system implementation guidance* [Online]. International Organization for Standardization. Available: http://www.iso.org/iso/catalogue_detail?csnumber=42105. Accessed January 18, 2016.

ISO.（2013a）. *ISO/IEC 27001—Information security management* [Online]. International Organization for Standardization. Available：http://www.iso.org/iso/home/ standards/management-standards/iso27001.htm. Accessed January 16, 2016.

ISO.（2013b）. *ISO/IEC 27002：2013 Information technology—Security techniques— Code of practice for information security controls* [Online]. International Organization for Standardization. Available：http://www.iso.org/iso/catalogue_detail?csnumber=54533. Accessed January 20, 2016.

ISO.（2016）. *ISO member body* [Online]. International Organisation for Standardization. Available：http://www.iso.org/iso/about/iso_members/iso_member_body. htm?member_id=2007. Accessed January 24, 2016.

Laura, F. S., & Michael, P.（2003）. Risk management：The reinvention of internal control and the changing role of internal auditnull. *Accounting, Auditing&Accountability Journal, 16*, 640–661.

Lee, E. A.（2010）. CPS foundations. In *Proceedings of the 47th Design Automation Conference*（pp. 737–742）. ACM.

Magureanu, G., Gavrilescu, M., & Pescaru, D.（2013）. Validation of static properties in unified modeling language models for cyber physical systems. *Journal of Zhejiang University SCIENCE C, 14*, 332–346.

Marwedel, P.（2010）. *Embedded system design：Embedded systems foundations of cyber-physical systems*. Springer Science & Business Media.

NERC.（2008）. *CIP Standards* [Online]. North American Electric Reliability Corporation. Available：http://www.nerc.com/pa/Stand/Pages/CIPStandards.aspx. Accessed March 9, 2016.

Parvin, S., Hussain, F. K., Hussain, O. K., Thein, T., & Park, J. S.（2013）. Multi-cyber framework for availability enhancement of cyber physical systems. *Computing, 95*, 927–948.

PWG, C.（2015）. *CPS PWG draft cyber-physical systems（CPS）framework* [Online]. National Institute of Standards and Technology. Available：https://pages.nist.gov/cpspwg/. Accessed March 9, 2016.

Rho, S., Vasilakos, A. V., & Chen, W.（2016）. Cyber physical systems technologies and applications. *Future Generation Computer Systems, 56*, 436–437.

Shi, J., Wan, J., Yan, H., &Suo, H.（2011）. A survey of cyber-physical systems. In *2011 International Conference on Wireless Communications and Signal Processing（WCSP）* （pp. 1–6）. IEEE.

Tuttle, B., & Vandervelde, S. D.（2007）. An empirical examination of COBIT as an internal control framework for information technology. *International Journal of Accounting Information Systems, 8*, 240–263.